飞禽记

〔美〕约翰·巴勒斯 著

张白桦 译

北京大学出版社
PEKING UNIVERSITY PRESS

一书一世界

Sobook

沙发图书馆

约翰·巴勒斯小传

约翰·巴勒斯，1909年

约翰·巴勒斯（John Burroughs，1837—1921）是美国著名的博物学家和自然文学家，也是美国早期著名的环境保护主义者。

1914年巴勒斯与爱迪生（左）和福特（右）的合影

巴勒斯一生和很多名人往来甚密，
如总统西奥多·罗斯福，汽车大王
亨利·福特，约翰·缪尔，托马
斯·爱迪生等等。

巴勒斯晚年在加斯克尔地区最喜欢的事情就是钓鳟

　　巴勒斯出生在纽约州德拉瓦尔郡加斯克尔山下的一个农庄里。幼年时期农庄的生活让他终生都对大自然充满眷恋。

Asher Brown Durand 笔下的加斯克尔山，巴勒斯的家乡

巴勒斯的博物学作品，其文学性比科学性更强，对动植物的描述并不像最严格的博物学家那样准确，而是更富于个人化的视角和情感性，也正因此，他的作品比其他博物学家更受大众喜爱，直到今日，其内容仍然不会因为科学性的过时而被遗忘。

俯看加斯克尔群山的腹地

完成了基本教育之后，巴勒斯没有得到父亲的支持去读大学，但他在17岁时离家独自谋生，依靠做教师来积攒读大学的资金。1864年他获得了一个美国国库的工作，之后进入了美国联邦银行做检验员，并一直工作到1880年代。从做教师时起，巴勒斯就开始进行了自然文学的创作，其文风一度让杂志编辑误以为是著名作家爱默生。后来巴勒斯与诗人惠特曼成为好友，并且撰写了惠特曼的第一本传记。

巴勒斯晚年喜居的Slabsides木屋

1873年，巴勒斯在纽约州西园地区买了一块地，建立了自己的农庄，造了一栋他一直梦想的溪畔别墅。1895年他在溪畔别墅附近又增购了土地，修建了一栋原木风格的木屋，取名Slabsides。1899年他还参加了哈里曼组织的阿拉斯加探险队。巴勒斯去世后，以其溪畔别墅和Slabsides木屋为基地建立了约翰·巴勒斯学会，每年会颁发一次约翰·巴勒斯奖，表彰那些优秀的博物学作品。

Slabsides室内的书房

巴勒斯一生著作甚丰，尤其以观察鸟类、植物和乡村场景的作品最为脍炙人口。

我们，它们，是如此相似（代序）

　　我们已经知道：人类在身体结构上带有一些起源于低等生物的清晰痕迹，但有人也可能会争辩道：由于人在心理能力上与其他动物有很大的不同，因此这个结论不一定是对的……

　　……我的目标就是要阐明：人类和高等动物在心理能力方面没有根本的区别。……

　　像人类一样，动物能明显感觉到快乐和痛苦、幸福和悲伤。从来没有什么比幼小动物诸如小狗、小猫、小羊等能更好地表现快乐了，他们在一起嬉耍，就像我们自己的孩子那样在嬉耍。即使是昆虫在一起，正如出色的观察家皮·哈勃（P. Huber）注意到的，蚂蚁相互追逐、假装彼此撕咬，就像许多小狗在一起嬉耍一样。

　　我们已经充分描绘了这样的情况，就像我们自己一样，低等动物也会由于同样的情感而受到刺激，这些情况没有必要事无巨细地再劳烦读者去阅读。恐怖的行为对他们的影响就像对我们一样，会使他们两股战战、心惊肉跳、汗毛倒竖，甚至失禁等等。多疑是恐惧的后果，是大多数动物的突出特征。我认为，E. 滕纳特（E. Tennent）先生……不承认雌性大象会故意欺骗，但我知道雌性大象在做什么。勇气和胆怯在同一物种的不同个体之间有着非常多变的特性，就像在小狗的情形中那样。有些狗和马的脾气不好，容易发怒；但另一些却比较温和；这些特性一定是遗传的。每个人都知道动物是如何易被激怒的，并如何直接发泄怒气的。关于动物蓄谋已久、诡计多端的报复故事（也许是真的）已经出版了很多书籍。讲究精确的瑞格尔（Rengger）和布瑞姆（Brehm）陈述道，他们所驯服的美洲猴和非洲猴，一定会为他们自己报仇。动物学家安德鲁·史密斯（Andrew Smith）先生（其一丝不苟的求真精神为众人所知）把他目击的故事告诉了我：在好望角，一个官员经常折磨一只狒狒，一个星期天，这只狒狒看见这个官员走过来，就把水灌进一个洞里，迅速搅和成一些泥团，当他经过的时候，狒狒就熟练地砸向他，许多过路人都大吃一惊。之后很长一段时间，无论狒狒什么时候看到这个倒霉的官员，都兴奋不已，有如胜利一般。

众所周知，狗爱其主；正如一个老作家睿智地说："狗是地球上唯一一种爱你胜过爱他自己的生物。"

在临死的痛苦中，人们都知道狗会爱抚他的主人，而且每个人都听说过正在遭受活体解剖的狗会舔动手术的人的手；这个动手术的人在他生命的最后一刻一定会感到很痛苦，除非他的手术完全促进了我们的知识，被证明是合理的，要么他是铁石心肠。

正如韦维尔（Whewell）质问的："母亲般的情感，通常与各个民族的妇女有关，也与各种雌性动物有关，只要是了解接触过这种事例的人，谁会怀疑在这两种情况下的行为准则不是一样的呢？"我们知道，母亲般的情感是在最微不足道的细节中表现出来的；瑞格尔观察到一只美洲猴小心谨慎地驱赶烦扰其婴儿的苍蝇，杜瓦塞尔（Duvaucel）看见一只长臂猿（Hylobate）在一条小溪里洗净其幼儿的脸。母猴失去了幼儿，其悲伤是那么地强烈，以致于一些猴子会因此而死，北非的布瑞姆（Brehm）为此不得不把这些不幸的猴子关起来。

大多数比较复杂的情感常见于我们自己和高等动物身上。每个人都知道：如果狗的主人宠爱其他动物的话，他会多么地嫉妒主人的情感；我在猴子身上也观察到这种情况。这表明动物不仅会爱，而且渴望被爱。

动物明显会争强好胜。他们喜欢首肯或表扬，而且替主人提篮子的狗会表现出高度的自得和自豪。因此，我可以这么认为，当一只狗经常去乞讨食物，毫无疑问他会感到羞愧，这是一种不同于恐惧，但类似于谦卑的情感。一只大狗嘲笑一只小狗的吠声，这可被称为是宽宏大量的行为。几个观察者说，猴子一定不喜欢被嘲笑；而且有时候他们会创造一些富有想象力的冒犯行为。在动物园里，我看见一只狒狒，当饲养员拿出一封信或一本书向他大声朗读的时候，他总是会发怒；我亲眼看见，他的怒气是那么暴烈，非要咬破自己的腿让血流出来不可。与纯粹的嬉耍不同，狗会表现出一种可以叫做幽默感的东西：如果扔给他一根树枝的话，他通常会把这个东西挪开一点，然后又把它叼在嘴里蹲坐在紧靠主人的地上，等到他的主人走过来要把东西拿走时，他就突然冲出去，重复同样的伎俩，这明显是在享受这种玩笑的乐趣。

现在，我们将转向更理智的情感和能力，它们为高级心理能力的发展打下了基础，是很重要的。按照瑞格尔的说法，动物明显喜欢兴奋，讨厌沉闷，就像我们在狗或猴子身上所看到的那样。所有动物都会觉察到惊奇，而且许多动物都表现出好奇心。有时，他们还会因为好奇而受苦，例如猎人就是用滑稽怪诞的动作来吸引他们；我亲眼见到鹿是这样的，还有警觉的岩羚羊、某些野鸭……

对人类的智力发展而言，几乎没有什么能力比"注意力"更重要了。动物也明显表现出这种能力，例如当猫注意到一个洞穴时，就会准备纵身扑向他的猎物。野生动物在做什么事情时，有时会全神贯注，以致于轻而易举就能靠近他们。巴特莱特（Bartlett）先生曾向我证明猴子身上的这种能力是如何变化多端的。驯猴表演的人过去常常从动物学协会（Zoological Society）那里以每只五英镑的价格购买普通种类的猴子；但是如果他可以把三、四只猴子喂养几天后再从中挑选一只的话，他愿意付双倍的价钱。当被问到怎么能够这么快就了解一只猴子是否能训练成一个优异的表演者时，他回答道：全凭猴子的注意力。如果在他跟一只猴子谈话并解说什么事情的时候，如果这只猴子容易被墙上的飞虫或其他微不足道的东西所干扰，分散了注意力，这只猴子就没有希望被选上。如果他试图以惩罚来迫使注意力不集中的猴子进行表演，猴子反倒会发怒。相反，仔细倾听他的猴子总是能容易训练成一个优秀的表演者。

说动物对人和地点具有出色的"记忆力"，这几乎是多余的话。正如安德鲁·史密斯先生告诉我的那样，好望角的一只狒狒在与他分别九个月以后还兴奋地认出了他。我有一条狗，他对所有陌生人既凶猛又厌恶，我与他分开五年零两天之后有意地去测试他的记忆力。我走到他住的马厩附近，用我以前的口气朝他大喊；他没有表现出兴奋的样子，但却立刻跟着我出来一起走，并且乖乖地听从我的指挥，好象他和我不过是半个小时前才分开的。一连串蛰伏了五年的旧关联，就这样在他的头脑中瞬间被唤醒了。P. 哈勃明确指出，甚至是蚂蚁，在分别四个月之后还能辨认出他们的同伴辨是不是属于同一个蚁群。动物一定能够通过一些方法判断出一再发生的事情之间的时间间隔。

"想象力"是人类所具有的最突出的优点之一。通过这种能力，人们能把以前的印象和观念连贯起来，不靠意志，就能创造出精彩辉煌、独特新颖的成果。……做梦是对想象力的最好看法；我们想象的东西的价值，当然依赖于我们印象中的数字、准确性和清晰度，依赖于我们在选择或排斥非自主性关联时的判断和尝试，而且一定程度上依赖于我们自愿联合它们的能力。由于狗、猫、马和几乎所有的高等动物，甚至鸟都有逼真的梦，他们的梦是通过他们的行动和发出的声音来表现的，因此，我们必须承认他们拥有某种想象力。狗在夜晚，特别是在有月色的晚上狂吠，一定是由一些特别的东西引起的，令人吃惊、让人沮丧的行为都会引起狗吠。但不是所有的狗都会这样，根据豪兹奥（Houzeau）的看法，狗并不会去看月亮，而是看视野范围里的某些固定的地方。豪兹奥认为，他们的想象被周围物体模糊的轮廓给干扰了，他们会把眼前的这些事物设想出幻觉的影像；如果情况是这样的话，他们的情感几乎可以被称为盲目的恐惧（superstitions）。

我推测，在人类的所有理智能力中，"理性"会被认可为最高顶点。如今只有少数人反对动物拥有某种推理的能力。人们可能一直看到过，动物会停顿、思考并解决问题。自然学家对任何具体动物的习性研究得越多，就越会认为动物具有理性，而不是仅仅有基于本能的习性，这是一个重要的事实。在后面的内容中，我们将会看到：一些动物在较低的标准上明显表现出了理性……

我们只能通过行动在其间表现出来的环境来判断，动物是出于本能，还是出于理性，或者只是观念的联系而已；不过，后面这一条与理性密切联系在一起。麦比乌斯（Mobius）教授提供了一个让人好奇的案例：一条狗鱼与一个毗邻的、装满鱼的水草缸之间被一块玻璃隔开来，他经常非常粗鲁地冲向玻璃试图去抓获其他的鱼，以致有时都给完全撞昏了。这条狗鱼连续这样冲撞了三个月，最后他学会了谨慎，不在冲撞了。之后，当把这块玻璃移开时，这条狗鱼也不会去袭击那边的鱼，尽管他会吞食那些后来被放进来的鱼；一种暴力撞击的观念在他微弱的智力中与他对以前的邻居所做的尝试是如此紧密地联系起来。如果一个从未见过大玻璃窗的野蛮人冲向它，即使只被撞了一次，之后很长一段时间他都会把震荡和窗框联系在一起；但是与狗鱼非常不同的是，他可能会对障碍物的本性作出反应，而且在类似的环境下会小心谨慎。现在，就像我们当前所看到的，在猴子身上，一个由过去的行动而留下痛苦的或不快的印象，有时候足以阻止猴子重复这样的行为。猴子和狗鱼之间的区别仅仅只是哪种情况中的关联观念更强烈、更持久？虽然狗鱼经常会比猴子受到更严重的伤害，但是，我们能够坚持说，即便是发生在人类中，狗鱼和和猴子这两种情形意味他们拥有某种根本不同的智力吗？

查尔斯·达尔文

（节选自达尔文：《人类的起源》第三、第四章，曾建平译）

目录 Contents

雄性东蓝鸲可算是最快乐、最忠诚的丈夫了，他们乐于时时刻刻守护在自己的伴侣身旁，看他们共同筑巢是一件赏心悦目的美事。

东蓝鸲
Bluebird

伴随着清晨第一缕明媚的阳光，东蓝鸲开始了她动听的歌唱，那一定是阳春三月。那声音轻柔地呢喃在你的耳畔，音色温柔又带着预盼，希望中隐含着丝丝惋惜。

雄性东蓝鸲可算是最快乐、最忠诚的丈夫了，他们乐于时时刻刻守护在自己的伴侣身旁，尤其是当雌鸟孵卵时，雄鸟总是按时按点给她们喂食。看他们共同筑巢是一件赏心悦目的美事：雄鸟在寻找栖息地和探索巢穴时十分活跃，可是他们却似乎不怎么擅长筑巢。此时的他们更急于取悦和鼓励伴侣来做，雌鸟更实际，知道该做什么，不该做什么。雌鸟按照自己的想法选好筑巢的地址以后，雄鸟就会对她赞了又赞。而后，两只鸟就双双飞去寻觅筑巢的材料，这时，雄鸟会在雌鸟的上方或者前面飞行来保护她。由雌鸟把所有的材料带回来，并且完成筑巢工作，而雄鸟则在一旁用肢体动作，用歌声为她喝彩。雄鸟有时表现得又像是一名监工，不过我觉得恐怕是一名带有偏爱的监工。雌鸟衔着干草和稻草进入巢穴，随心所欲地放到合适位置，然后退出来在附近守候，雄鸟这时会进去进行检查。出来后，雄鸟非常直率地评价她的工作："非常好！非常好！"然后他们再次双双外出寻觅更多的材料。

我曾经在一个夏日，看到了一只住在大城镇绿荫遮蔽的街道

本书中作者使用的鸟类俗名皆来自欧洲，但实际上北美的鸟类属于不同的种类，譬如作者所说的知更鸟、麻雀实际上在北美并不存在，欧洲移民来到北美之后，根据形似而挪用故乡的俗名。本书为求严谨，尽量使用学名。

的东蓝鸲喂小鸟的情形，让我感觉乐不可支。鸟妈妈捕获了一只蝉（cicida），要不就是一只秋蝉（harvest-fly），然后，在地上捣了一会，飞到树上把蝉送进幼鸟的嘴里。这食物可真够大的，鸟妈妈似乎在怀疑她的孩子是否能够吞咽得下，所以她十分关切地在一旁注视着幼鸟的行为。小家伙费力吞咽着，无奈却吞不下去。见状，鸟妈妈从小家伙嘴里叼走了蝉，飞到路边，对蝉进行了进一步的处理。然后，她把蝉送到小家伙嘴里，好像是在说，"呐，再试试看哦。"鸟妈妈发自肺腑地同情他所做的努力，重复着小家伙吞咽时种种扭曲的动作。无奈，对小家伙而言，这只蝉也太硬了，事实上这只蝉也确实大大超出了他那张小嘴的容量。小家伙不停地抖动着翅膀，一边大叫着，"我噎着啦，我噎着啦！"焦急的鸟妈妈又一次叼起蝉，她放到铁栏杆上，用尽全身力气花了一分钟时间来啄碎这只蝉。鸟妈妈第三次把蝉送到孩子嘴里，可是孩子依然无法下咽，虫子还从嘴里掉了下去。就在蝉落地的一瞬间，鸟妈妈就飞过去把蝉叼起，然后飞到一个不远处更高的栅栏上落下，一动也不动，似乎是在思考到底该怎么把蝉弄碎。此时，雄鸟朝他飞了过来，直截了当地，我觉得还相当简明地对她说："把那只虫子给我。"对于雄鸟的打扰，鸟妈妈却马上表现出不快，独自飞到远处，我最后看到她的时候她的表情很明显相当沮丧。

五月初的一天，我和泰德（Ted）去沙迪加（Shattega）远足，在距离我们小木屋不远的地方，有一条幽深的小溪在静静地流淌。我们沿着这条溪流划船而下时，警觉地注视着周围，提防任何野生鸟类和野兽的突然出现。

一路上有很多枯死的小树，上面都是被啄木鸟废弃的树洞，我决定从中选一段适合给东蓝鸲做巢的树洞的枝干带回家。"为什么旅鸫不在这里筑巢呢？"泰德问道。"哦，"我说，"东蓝鸲是不会跑这么远到森林深处筑巢的，他们喜欢在开阔的或者有人居住的地方筑巢。"

仔细地观察几棵树之后，我们看到了一截符合要求的树干。这截小枯树树干直径大概有七到八英寸，已经破损的树冠露在水面上。树洞呈圆形，坚固异常，比我们高十到十二英尺。经过不懈努力，我成功地把树干扳倒，运到小船上。"就是它了，"我说，"和那些人造巢箱相比，我打赌东蓝鸲更喜欢它。"但是，瞧啊，这里面已经住着东蓝鸲了！之前，我们根本没有听到任何鸟叫声，也没有看到羽毛。当我们把树干扳倒仔细看树洞的时候，才发现两只尚未长成的东蓝鸲幼鸟，这真让人尴尬哟！

好吧，我们唯一可以做的就是把这截树干立起来，还要尽可能地把它立在离原来不远的地方。可这哪里是一件容易的事呢？可是，过了一会儿，我们总算把它放回了原位，树干一端矗立在浅水的泥中，另一端则靠着一棵树。这样，洞口位置就在原来巢穴侧下方大约十英尺的地方。就在这时，我们听到一只成鸟的叫声，我们急忙把船划到了溪流对面五十英尺远的地方，注视着她的行动，还相互埋怨着："太糟糕了，太糟糕了！"只见鸟妈妈嘴里叼着一只很大的甲壳虫，飞落在一棵距离原来巢穴大约几英尺高的树枝上，向下看了看我们，鸣叫了一两声，然后信心满满地向空中向下俯冲到那个地方，一刻钟以前那地方还是她的巢穴的入口哩。在这里，她扇动着翅膀徘徊了一两秒，寻找着自己的巢穴，哪里知道已经不复存在了，然后又飞落在她刚刚离开的树枝上，显然有点不安。她用力在树枝上敲打着甲壳虫，敲打了几次，就像是哪里出了问题一样，之后又飞下来试图寻找她的巢穴，但那里除了空气一无所有啊！她徘徊又徘徊，蓝色的翅膀在明暗交错的光线下不断扇动，心中确信那珍贵的洞口一定就在那里！可是，事实上却没有，她百思不得其解，所以又回到了刚才栖息的树枝上，继续锤击那只可怜的甲虫，直到将它捣成了一团肉酱。然后她进行第三次尝试，接着是第四次尝试，第五次尝试，第六次尝试，最后她变得非常激动。她似乎在问："到底发生了什么事？我是在做梦吗？那只甲虫给我施巫术了吗？"她万分沮丧，虫子从树干上掉落下去也不管，她也只是直勾勾地东张西望。随后，她起身向树林中飞去，鸣叫不止。我对泰德说："她去找她的伴侣了，她现在深陷困境，渴望得到同情和帮助呢。"

过了几分钟，我们听到她的伴侣回应的声音，紧接着，两只鸟急急忙忙地飞了过来，嘴上都叼着东西。他们飞落在原来的鸟巢上方的树枝上，雄鸟好像在说，"亲爱的，你怎么啦？我一定能找到咱们的鸟巢的。"然后俯冲下来，却像鸟妈妈一样扑了个空。他是那么急切地扇动着翅膀！他好像瞄准的是那片原来巢穴所在的位置！他的爱人就站在那里，目不转睛地，满怀信心地注视着他。我认为，他会找到线索的。然而，他没有找到。带着困惑和激动，他飞回到了那跟树枝上，回到了她身边。接着，雌鸟又进行了一次尝试，雄鸟也再一次冲了下来，紧接着两只鸟一起发起进攻，朝着原来巢穴的位置飞了下来，但他们依然无法猜透这个谜。他们交流着，相互鼓励着，坚持不懈的尝试着，这一次是他，下一次是她，再下一次两只一起，就这样一遍又一遍地尝试着。有几次他们落到距离入口仅几英尺的地方，我们都以为他们肯定能够找到入口。可是，他们却没能找到，他们的思路和视野只集中在原来巢穴入口的那一平方英尺内。很快地，他们飞到更高的树枝上，像是在自言自语："好吧，入口不在那里，但是入口一定就在附近，让我们在周围找找看。"几分钟过去了，当我们看见鸟妈妈从枝头跃起，像箭一样直直地飞向巢穴口时，她那饱含母爱的眼神立刻给出了证明，她已经找到了她的孩子，是某种判断力和常识让她急中生智，她搜索花费了一点时间，瞧啊！那个珍贵的洞口就在这儿。她把头探进去，然后向她的伴侣鸣叫了一声，然后向洞里更深地探了探，然后退出来。"是的，就是这儿，孩子们在这里，孩子们在这里！”然后，她再次探进洞里，把她嘴里的食物喂给孩子们，然后给她伴侣腾开地方，鸟爸爸露出同样的喜悦表情，也把嘴里的食物喂给了孩子们。

我和泰德终于长长地松了一口气，心里的一块大石头也落了地。我们高高兴兴地上了路。同样，我们也学到了一些东西，那就是当你在森林深处想到东蓝鸲的时候，也许东蓝鸲离你比你想象的更近。

四月中旬的一个上午，在我的庭院里，有两对蓝色旅鸫活跃非常，他们有时甚至会为了求爱而激烈地争斗。对于他们的种种行为，我不甚了了。两对东蓝鸲的表现欲都特别强，可是在这两对中，雌鸟都无一例外地比雄鸟活跃。雄鸟走到哪里，雌鸟就如影随形地跟到哪里，翅膀扑腾和扇动个不停。倘若她不是靠不停地用她活泼、轻快、笃定、温柔而又讨人喜欢的绵绵情话告诉雄鸟她是多么爱他，那她还会是在说什么呢？她总是深情地精确地落在雄鸟站立的地方，如果雄鸟没有离开，我想她肯定会落在他的后背上。偶尔，当雌鸟飞离雄鸟时，雄鸟也会用相似的姿势、音调以及情感表达方式展开对雌鸟的追逐，但永远不会像雌鸟那样富有激情。两对蓝色旅鸫始终和对方保持着比较近的距离，一同掠过房子、鸟巢、树木、邮箱及葡萄园里的葡萄藤，耳畔萦绕着的都是对方温柔而又急切地鸟鸣声，满眼看到的都是对方闪烁着蔚蓝色光芒的翅膀。

他们那样热烈地去求爱，莫非是因为双方都意识到是由于敌人会时不时地出现带来的刺激吗？终于，在我观察了他们一个多小时后，发现鸟儿们发生了冲突。当他们在葡萄园相遇以后，两只雄鸟纠缠在一起，接着一起跌落在地上，他们的翅膀摊开躺在那里，就像刚被枪打下来一样。然后，他们各自飞回到自己的伴侣身边，一边鸣叫着，一边拍打着翅膀。很快，两只雌鸟也纠缠在一起，跌落在地面上，残忍地争斗着。她们滚来滚去，用爪子抓着，扭着，像斗牛犬一样紧啄着对方的嘴死活不肯放开。两只雌鸟就这样一次又一次地相互扭打着，期间，一只雄鸟冲入混战中，用力地将一只雌鸟用翅膀扇开，使她们分开。之后两只雄鸟也又扭打起来，他们蓝色的羽毛映衬在绿色的草地和红色的泥土上。这些争斗的双方看起来是多么温和，多么轻柔，多么徒劳无功啊！——没有尖叫，没有血迹，没有纷纷飞落的羽毛，仅仅是突然间，把蓝色的翅膀和尾巴还有红色的胸脯交叠在草地上。虽然相互攻击着，却没有明显的伤痕；只有用嘴相互啄咬、用爪子相互抓挠，但没有羽毛的掉落，只有些微的凌乱；有一方长时间压制着另一方，却没有疼痛和愤怒的鸣叫。这是人们想要看到的那种斗争场面。鸟儿们总是会紧紧啄住对方的嘴达半分钟之久。其中一只雌鸟总是会飞落在正在苦斗的雄鸟附近，展开翅膀，发出温柔的音符，可是我却不知道她是在鼓励还是在斥责其中一只雄鸟，是在恳求他停下来还是在煽动他们继续争斗。就我对他们的语言的理解而言，她一直都在和她的伴侣说话。

当东蓝鸲突然用嘴和爪子攻击对方的时候，最开始他们的叫声并没有敌意。的确，对于东蓝鸲而言，以我所听到过而论，他们似乎发不出刺耳和怀有敌意的声音。有一次，两只雄鸟摊开翅膀，相互啄着对方的嘴落在了地面上，一只旅鸫落在他们附近，专心地盯着绿草地上的这抹蓝看了一会儿便飞走了。

鸟儿们在地上任意地扭打着，先是雄鸟跟雄鸟，接着是雌鸟跟雌鸟，在草地上或尘土里激烈地搏斗着。在每场搏斗的间歇，每对鸟儿都会相互确认一下对方对自己永恒不变的兴趣和爱恋。我跟着他们，尽量不引起他们的注意。有时候他们会在地上躺上一分钟，每只鸟都试图挣脱对方，试图不被对方纠缠住。他们似乎都忘记了周围的一切，我甚至怀疑他们在那个时候很容易就成为猫儿或老鹰的猎物。

让我们对它们的警戒性做一个实验吧，我说道，当两只雄鸟再一次发生冲突，落到地上的时候，我手拿一顶帽子小心翼翼地接近它们。在距离它们十尺远的时候，我趁它们不注意猛冲过去，用帽子将他们扣住。他们在帽子里挣扎了几秒钟，接下来里面一片寂静。黑暗突然降临在这场战场上，他们会认为是发生了什么事情呢？不久，他们的头和翅膀开始在我的帽子里扑棱。随后，里面又是一片寂静。我对着它们说话，朝着它们呼喊，冲着它们欢呼，可他们却没有露出一丝兴奋或惊慌的迹象。只是偶尔，一个小脑袋或者身体轻柔地碰触着我帽子的帽顶或帽圈。

但是，发现她们正在争斗的恋人消失了，两只雌鸟显然开始不安起来，她们开始发出悲哀而又惊慌的叫声。一两分钟过后，我抬起帽子的一边，快速放出一只雄鸟，然后又抬起另一边放出另一只。一只雌鸟随即冲了下来，叫声中带着愉悦和庆祝的意味，飞到了其中一只雄鸟的旁边，而雄鸟却狠狠地打了她一下。接着另一只雌鸟也飞了下来，来到另一只雄鸟旁边，同样也被狠狠地打了一下。显然雄鸟有些手足无措，他不知道刚刚发生了什么，或者说不确切谁应该对刚才短暂的黑暗负责。难道他觉得两只雌鸟多少应该为此受到责备？但是他们很快都和自己的伴侣和好了。两对鸟儿各自凑在一起没有分开，直到两只雄鸟又开始打了起来。然而，没过多久，一对鸟儿开始疏远另一对，每一对儿都在谈论着那两处鸟巢，他们双翼优美的姿态透着谈话的愉悦之情。

这场恋爱和争斗的场面持续了将近一个上午。他们之间的问题依然像之前一样没有得到解决，每一对鸟儿都对自己的伴侣很满意。其中一对鸟儿住在了葡萄园中的一个鸟巢里。在繁殖期里，他们哺育了两窝小鸟儿。而另一对鸟儿离开这里，在其他地方定居下来。

东蓝鸲

天空中传来了一声惆怅的鸟鸣声，
"啾，啾，啾"，那音调是多么的哀伤
犹如孤独的流浪者，
不知他是在啼哭还是歌唱。

然而现在一双热切的羽翼闪现，
沿着围墙飘舞着霓裳，
那爱的呼唤是多么甜蜜，多么的迷人，
啊，现在我知道他是在用心歌唱。

啊，蓝鸲，欢迎你再次归来，
你那蔚蓝色的外衣和赤红色的背心，
是四月最喜爱的色彩，
犹如田畦上那温暖的天空。

农耕的男孩听到你温柔的歌声，
想象着阳光明媚的好时光，
枫树上沁出糖浆，
眼前的美景让他满心欢畅。

烟霭随着微风在飘动，
犹如热锅上笼罩的白色蒸汽，
蓝色双翼是多么赏心悦目，
在这无叶的棕色树林里。

现在，慵懒地瞥一眼便离去，
阳光透过坚硬的树干在闪耀，
树林里的小家伙们从洞里偷窥着，
他们的工作就是在阳光下嬉戏欢笑。

毛茸茸的鸟儿柔和地敲击着树枝，
唱出它带有鼻音的腔调，
蓝鸲飞落在高高的树冠上，
朝着天空唱起它晚祷的赞美歌谣。

现在，去吧，带回你那思乡的新娘，
告诉她这里就是最适合的地方，
来建造一个家，建立一个家族，
在那柔软的小巢里，在我的住所旁。

旅鸫
Robin

> 旅鸫们以悠闲自在的天性，仰望着天空，快乐地歌唱着他们简单的工作。

东蓝鸲到来不久之后，旅鸫也来了。他们成群结队地四处搜索着田野和树林。你可以听到他们在草地、牧场、山坡上放声歌唱。漫步林中，你可以听到枯黄的树叶伴随着旅鸫拍打翅膀发出的沙沙声，空气也随着他们欢快的叫声在歌唱。他们是这样的欢乐，他们跑啊，跳啊，在空中互相追逐着，迅捷地俯冲下来从森林上掠过。

"酿糖"这种半是工作半是玩耍的工作既自由自在又可爱迷人，在纽约的很多地方至今还保留着。在新英格兰，旅鸫是人们忠贞不渝的伙伴。在阳光明媚的日子里，空旷的场地里四处都可以看到他们的身影，随时都能听到他们的歌声。在夕阳西下的时候，在高大的枫树树顶上，旅鸫们以悠闲自在的天性，仰望着天空，快乐地歌唱着他们简单的工作。在空气中仍携裹着阵阵寒意的冬日，他们就这样站在光秃秃的、静悄悄的森林里，亦或寒冷潮湿的地面上。一年听下来，人们会发现没有比他们的歌声更甜美，比他们更和谐的歌手。他们与周遭的景致、环境是那么的协调一致！这些音调是那么的圆润动听与情真意切！我们对它们的歌声是那么的如饥似渴！他们是冬日里的第一个音符，彻底打破了冬日的符咒，歌声绕梁三日，让人们回味不已。

旅鸫是最优雅的勇士之一。我从没见过比两只雄鸟在早春的草地

此处作者原文直译为知更鸟，但实际上是指新大陆的旅鸫，其学名*Turdus migratorius*。

上互相挑逗嬉戏更美丽的场景。他们对彼此的关心既有彬彬有礼又有节制。在交替前进及优雅的突围中，他们彼此追逐着，环绕着。后面的一只随着前面那只跳过几尺，当他的伙伴从他身边经过并描绘出他跳跃的曲线时，他都会像真正的军人那样直立在原地，他们都用高亢而节制的音调发出自信满满却悦耳动听的鸣叫声。直到他们突然跳跃起来，转眼间就嘴对着嘴了，人们还在想他们到底是情人呢，还是敌人呢？他们也许会在空中飞了几英尺高，实际上却没怎么你来我往地打对方。他们回避着对方的推搡，每个动作却都有衔接。怀着对田野和草地的庄严而淡定的态度，他们跟随着彼此或是进入树林或是掠过大地，随着翅膀轻微地张开，胸部发热，他们又唱起了那含糊不清却又嘹亮的战歌。这大体上是在整个季节里我们能看到的最文明的良种比赛了。

四月下半句，我们经过了我所说的"喧闹的旅鸫群"。三四只鸟儿结成一队胡乱地冲向草地，飞进树林或是矮树丛里，偶尔也会站在地面上，扯开嗓子尖声唱着，我们很难分辨他们是在欢笑还是在生气。领队的是一只雌鸟，人们看不出她的追求者们彼此间的关系是竞争对手，他们看起来更像是要联合起来将雌鸟赶出这块地方。然而，毫无疑问，他们以某种方式开始比赛，并在一次次疯狂的冲刺中结束。也许是雌鸟对着她的追求者喊一句："谁先碰到我，谁就赢了。"说罢，就像离弦之箭一样飞冲出去。雄鸟们喊着，"同意！"便开始追赶起来，每只鸟都争先恐后地要超过其他鸟儿。这是一个简短的游戏，在我们还没明白过来的时候，他们已经散开了。

我第一次与旅鸫结缘，是因为一对旅鸫想要在我家门廊屋顶下门牌的圆木上筑巢。但是那儿并不是一个筑巢的好地方。但是这对鸟儿花了一个星期时间，历尽千辛万苦才明白这个事实：他们衔来的要用作巢基的粗糙材料在那根圆木上固定不住，每次一阵疾风吹来都会把这个巢吹掉。此后之后的很长一段时间，我家的门廊上总是堆着一些乱七八糟的小树枝和杂草，直到那两只鸟儿最后放弃了筑巢为止。在接下来的那个季节，一对更聪明能干、经验更丰富的旅鸫也尝试着在那里筑巢，结果大获成功。它们把巢安放在连接门牌的椽上，用泥把小树枝和稻草固定在一起，不久就完成了一个牢固耐用、形状美观的建筑。当小鸟儿到了应该学习飞翔的时候，我注意到一个有趣的现象：像大多数的家庭一样，显而易见，有的小鸟更大一些，有的鸟小一些，总有一只小鸟比其他小鸟长得更快一些。难道成鸟为了让后代一个一个飞走曾经有意用给它加餐来刺激他吗？至少会有一只小鸟比其他鸟儿提前一天半准备好离巢。我偶然看到，当他第一次受到飞到巢外的刺激时，他似乎就抓住这个机会。他的父母正在几码远的石头上用叫声和向它保证没问题，鼓励他放手一搏。他用尖锐而有力的声音回应了父母。然后爬到门牌上的鸟巢边缘上，往前走了几步，再走几步，这里距离鸟巢有一码远，是细木的顶端，它看到了外面的自由世界。他的父母似乎在喊着，"来吧！"但是他还没有足够的勇气跳出去。他四下看看，看看他离家有多远，慌里慌张地跳回鸟巢，像受了惊吓的孩子一样爬进了鸟巢。他已经尝试了进入世界的第一次旅行，但是对家的依恋很快又将他带回了鸟巢里。几个小时后，他再次来到了门牌边上，然后却又返了回去冲进了鸟巢。第三次，他更加勇敢了，翅膀更结实了，它尖声叫着跃入空中，不费吹灰之力就飞到了十几码远的石头上。小鸟们有间隔地，一个接一个地以同样的方式飞离了鸟巢。沿着门牌走几码远是他们的第一次旅行，第一次离家这么远，会突然恐慌起来，冲回鸟巢。第二次，也许是第三次尝试之后，它必然会飞到空中，叽叽喳喳地飞进附近的树丛或石头中间。小鸟一旦起飞，就再也不会回来。第一次的鼓翼而飞会永远地切断他们对家的依恋。

　　最近，我观察了一只旅鸫在乡村的一处门前庭院里捉虫子。常常可以看到一只鸟儿抓住一只蚯蚓，将它拖出草地下的洞穴，却从没见过一只鸟通过打洞找到虫子，把大白虫子带到地面上。我提到过的旅鸫在附近的枫树上有一窝小鸟儿，它就在附近勤奋地觅食。她按照以往的习惯觅食之后，会沿着那片小草地走，每走几英尺就会停下来，拘谨地站得笔直。之后便会跳起来用嘴有力地挖着草皮，每尝试一次就会改变一次态度，警觉地抛弃草根和土块，挖得越深，就越兴奋，直到找到一只肥虫子并把它拖出来。几天以来，我多次看到她为了找虫子用这种方式挖洞，把虫子拖出来。难道她听到了虫子咬草的声音，还是她看到了草地下虫子们活动的动作？我不太清楚。我只知道她每次都准确无误地完成了工作。我只看到有两次她啄了几下就停了下来，好像她在那一刻就意识到自己上当受骗了。

北扑翅䴕
Flicker

北扑翅䴕对于自己身为啄木鸟不甚满意，他喜欢向旅鸫和雀类求爱，为了草地而放弃了森林，如饥似渴地以浆果和谷物为食。

其俗名"金翅啄木鸟"，实示上北扑翅䴕与啄木鸟不同类，学名为*Colaptes auratus*。

　　四月的另一位来访者，也是在整个春秋两季都在与红腹旅鸫（Redbreast Robin）交往的北扑翅䴕（golden-winged woodpecker），伴随着红腹旅鸫接踵而至来到了这里，北扑翅䴕又名"深穴"（high-hole），"扑翅䴕"（flicker），"糖浆"（yarup）"，"黄锤"（yellow-hammer）。北扑翅䴕是我童年时最喜欢的鸟儿，他的叫声对我来说意义非凡。他总是站在树枝或是篱笆桩上发出一声声响亮的、长长的鸣叫来昭告他的莅临，那声音完全真真是四月里最美妙的声音。我想到了所罗门（Solomon）是如何叙写了这样一段对春天的美妙描绘的："在我们境内能听到斑鸠的声音"，也能看到这个农业时代的春天是

此处的啄木鸟指得是北扑翅䴕。

这样独特臻美——"从树林里传来了啄木鸟叩响树干的清响。"这声响亮，有力，带着些许鼻音，似乎并没有隐含着答案，而是对爱情或者音乐的促动。"糖浆"啄木鸟的叫声向所有人宣告着和平和良好的祝愿。

　　我记起一片糖枫林边的一棵老枫树，年复一年地用它那已经腐坏的树洞保护着一窝小"黄锤"，在筑巢前一两个星期，通常是已经开始筑巢的时候，几乎在每个阳光明媚的早上，都能看到三四只鸟儿在腐坏的树枝上求偶。有时你只能听到温柔的劝诱声或是温顺而有信心的啁啾声。站在秃树枝上的其他鸟儿随着其中一只鸟儿也开始发出响

亮的长鸣。不久，有点疯狂，喧闹的笑声中出现了哭喊声，尖叫声，像是有什么意外的小插曲唤起了他们玩笑和嘲弄的兴致。不知道这种欢乐喧闹是在庆祝配对或是交配仪式，还是只是一种在啄木鸟中常见的每年一度的夏季"庆祝乔迁新居的喜宴"？这是一个我需要三思之后再下判断的问题。

和他的大部分同族不同，比起森林深处隐蔽的地方，北扑翅䴕更喜欢栖息在田野和森林的边界。因此，与他的同族的习惯也相反，北扑翅䴕的大部分食物是蚂蚁和蟋蟀，要在地面上才能寻觅得到。北扑翅䴕对于自己身为啄木鸟不甚满意，他喜欢向旅鸫和雀类求爱，为了草地而放弃了森林，如饥似渴地以浆果和谷物为食。他的生存过程的最终结果可能就是成为了一个问题来吸引达尔文的眼球。他喜欢地面，以及他的徒步壮举会不会让他的腿变得更长？他以浆果和谷物为生会不会让他的羽毛颜色变得更淡，声音变得更软？他与旅鸫交往会不会在他心中种下一首歌？

一对啄木鸟把苹果树树洞据为他们的巢穴，比他们平常筑的巢穴离房子更近了些。一个通向腐烂的树洞的介孔被扩张开来，树洞里的新木被挖得干干净净的，如同松鼠挖过似的。我无法亲眼看到他们在树洞里所做的准备工作，但是我日复一日地从那里经过，听到鸟儿在不停地敲打着树木，很明显，他们是在敲障碍物，扩大树洞，使树洞成形。他们并没有把碎木屑带出树洞，而是铺在了树洞里面。啄木鸟不是在筑巢，而是在挖巢。

没过多久，从老树树洞里就传来了小啄木鸟的叫声，刚开始，声音非常虚弱无力，但是一天天过去了，随着时间的推移渐渐就越来越强劲有力，甚至隔着几棵树之外都能听得到。每当我把手放在树干上，他们就会迫不及待地喳喳乱叫起来，跟我预期的一样。但是，每当我朝着洞口爬上去的时候，他们立刻就觉察到这个声音不同寻常，

很快就会安静下来，只是偶尔间或会发出一声警告声。早在他们羽翼未丰之前，他们已经会爬到洞口去接食物了。因为每次只能有一只小鸟站在洞口，所以小鸟们总是为了那个位置互相推挤，争斗不休。当父母带回食物的时候，洞口就成了树洞里最令人心驰神往的高地。鸟儿们看着外面明亮的大世界，似乎一直都看个没够。当然，新鲜的空气也是一个诱因，因为啄木鸟巢穴里的空气没有那么好。成鸟带回食物以后，洞口的小鸟倒也不可能吃光，他只会吃一点，或是出于自己的本意，或者是在父母的授意下，他会把洞口让给其他小鸟。尽管如此，总有一只小鸟比其他小鸟跑得快，在人生的赛跑中他也比其他小鸟要快两到三天。他的声音是最洪亮的，他的头也出现在窗口的频率也是最高的。不过，我还是注意到，如果他在洞口停留的时间长了，很明显，他后面的其他鸟儿不会让他安宁，"烦躁"一会儿过后，他便会被迫"退到后面"。不一会儿气氛就会缓和下来，我还担心他的同伴们只能在洞口舒适的待上一小会儿呢。他们会闭上眼睛，溜回洞里，好像对他们来说，外面的世界一下子失去了吸引力了似的。

当然了，这只小鸟也是第一个离开巢穴的。在他离开的前两天，大部分时间都是他占据着洞口位置，不停地发出他强劲有力的叫声。毫无疑问，成鸟为了避免把食物全都喂给他，开始鼓励他离开巢穴。有一天我站在那儿看了他一下午，观察着他的进展情况。只见他突然下定了决心，我虽然站在他后面，还是可以肯定，虽然他毫无经验，还是振翅起飞了。成鸟细心周到地呵护着，第一次领着他向坡上飞了一百五十英尺远。两天后，另一只大小相仿，同样有志气的小鸟以同样的方式离开了巢穴。随之又是一只，直到只剩下了最后一只。成鸟不再来照顾他，那只小鸟就叫啊叫，直叫了一整天，把我们都听烦了。他是窝里最小的鸟儿，所以再也没有其他鸟儿在后面鼓励他。他离开了巢穴，紧紧地抓着外面的树枝，大声尖叫了一个多小时，最后他把自己交付给了他的翅膀，像其他小鸟那样飞走了。

　　我观察到，啄木鸟寻找配偶的方式与旅鸫和东蓝鸲形成了鲜明的对比。在求偶过程中，没有一丝一毫的愤怒情绪或者殴打行为。一两只雄鸟飞落在在雌鸟前面的树枝上，在雌鸟面前或是弯腰俯冲或是擦身而去，那样子着实滑稽可笑。他展开尾巴，展开胸膛，把头向后甩，身体忽而朝左，忽而朝右，一直发出一种古怪而又悦耳的叫声，那声音像极了打嗝。而雌鸟却对他无动于衷，我不知道她的态度是表示批评还是自卫。没过多久，她就飞走了，她的追求者紧随其后，在另一个树桩或是树上上演着另一件有趣的戏码。在所有啄木鸟求偶过程中，敲打鼓点起着很重要的作用。雄鸟站在颤动着的干树枝或是建筑物的屋脊上，敲打出他所能敲出的最响亮的声音。我最喜欢啄木鸟在我的夏日别墅上的木管敲打发出的鼓声，空心木管成了鸟巢的抽水机上。这真是个好乐器，它的声音尖锐而清晰。一只啄木鸟飞落在上面，发出格格声在远处都能听到。随后，他抬起头来，就像在四月里一样，发出长长的叫声"wick"，"wick"，"wick"，接下来又继续敲击起木管来。如果雌鸟没能找到他的话，绝不是因为他弄的动静不够大。其实他的声音是很悦耳动听的。那声音简简单单的，却表达出四月里的某种多愁善感。我写这篇文章的时候，透过半开的门缝，听到了他在远处田野里的叫声，随之而来的是已经持续了三天的敲击声，他试图啄透河边大冰库的风雨板，用掉下来的木屑来铺填他的巢穴。

灰胸长尾霸鹟
Phoebe bird

四月里的另一种鸟就是霸鹟科（flycatcher）的先锋灰胸长尾霸鹟（phoebe bird），我非常欣赏长尾霸鹟的记忆力。我以前在内陆农耕区见过这种鸟，在复活节（Easter Day）的某个阳光明媚的早晨，他站在谷仓或是槽棚顶上，用各种各样的姿势宣告着他的到来。也许你到现在为止只听过东蓝鸲哀伤思乡的叫声，也许只听到过歌带鹀（song sparrow）轻柔的唧啾声，而大家都喜欢长尾霸鹟那清亮活泼的声音，长尾霸鹟以此昭告天下自己是真真实实的存在。他站在那儿不时地在空中比划一个正圆或是椭圆，表面上是在搜寻昆虫，实际上那风雅的动作在某种程度上弥补了他音乐表演的不足。如果真如以往那样，朴实无华的外表意味着一副金嗓子的话，那么，长尾霸鹟在歌唱方面的才能应该是无与伦比的，因为他那暗灰色的羽毛委实太朴实了。同样，他的外形几乎不能被视为是鸟的"理想外形"。然而，他却来了，不早不晚，那么合宜，他那睦邻友好的行为方式足以弥补他在唱歌和外表上的不足。

长尾霸鹟是高明的建筑师，不仅如此，像其他鸟儿一样，他还可以保卫自身和巢穴的安全。他那中性的暗灰色羽毛与他筑巢的岩石的颜色协调一致，他随手拿来筑巢的泥沼，使他的巢看起来宛若天成。但是，当他们像平常那样把巢建在谷仓或是草棚下时，用来筑巢的沼

此处的灰胸长尾霸鹟完整俗名应为Eastern phoebe，学名*Sayornis phoebe*，简洁起见，后文简写为长尾霸鹟。

泥看上去却着实不太合适。毋庸置疑，鸟儿很快就意识到了这一点，
再筑巢的时候，再也不会考虑用泥了。我要提的是我在夏天看到的两
处巢穴：一处建在谷仓上，却因为有老鼠而未能建成（尽管此前曾经
有猫头鹰捕食过老鼠）；另一处建在森林里，还在那里哺育了三只幼
鸟。第二处巢穴的位置选得既迷人又巧妙。我是在树林里一处宽阔、
幽深、平静的水域里寻找白花睡莲（pond-lily）的时候发现的这个巢
穴。一棵不引人注意的大树长在水边，它的根黑压压朝上长着，缝隙
里填满了泥煤似的土，看上去像是从缓缓流过的水流中拔地而起的几
尺高的残墙。这个土墙凹陷处只能从水里看见并进入，长尾霸鹟就在
这里筑了巢，还哺育了一窝幼鸟。我划船过去，从旁边靠近，打算把
那窝幼鸟拿到船上。一只快要能飞的幼鸟并没有被我的出现而干扰，
大概是爸妈言之凿凿地保证过旁边没有被逮住的危险。这可能不是一
个适合貂（mink）生活的地方，否则这窝小鸟不会这么安全。

长尾霸鹟的到来

当阳光照耀到枫树林里，

枫树汁一滴滴地流下来；

当白天还很温暖，晚上却很寒冷的时候，

森林深处还存着积雪皑皑；

当牛儿在牛栏里焦急地叫着的时候，

当母鸡们惊慌失措地格格叫的时候，

晨光里，传来了长尾霸鹟"菲比，菲比，菲比"的叫声，

声音是多么愉快；

当雪堆融化，山体裸露的时候，
早起的蜜蜂绕着蜂房低声嗡嗡；
当土拨鼠从巢穴慢慢爬出的时候，
发现自己还活着是多么的开怀；
当羊儿悠闲地在田野里啃草的时候，
当清晨鹟鸟在空中鸣叫的时候，
长尾霸鹟总是一遍遍透露着自己的名字，"菲比，菲比，菲比"
声音是多么悲哀；

当野鸭在小溪和池塘里嘎嘎叫的时候，
东蓝鸲栖息在毛蕊花梗上；
当泉水上的冰块融化了，
乌黑的乌鸦漫步在棕色的田野里；
当金花鼠（chipmunk）在路边围墙上求爱，
当迪克抽着烟煮沸树液的时候，
长尾霸鹟在屋顶上抬起头叫着"菲比，菲比，菲比"。

褐头牛鹂
Cow Blackbird

褐头牛鹂把自己的蛋偷偷放在其他鸟儿巢穴里，这样他们就可以不用辛勤劳作，逃避孵化和哺育幼鸟的责任了。

　　尽管在后面描述的褐头牛鹂（cow blackbird）处于次要地位，却似乎不影响他是四月里最引人注目的歌者。四月，他会发出一种特别而又清澈如水的声音，的确，人们会认为他的嗉囊里装满了水，所以他才得以收缩肚子，重复发出噗噗地冒泡似的声音。这种鸟是独一无二的多配偶鸟类。由于雌鸟数量远远大于雄鸟，所以雄鸟总有三四只雌鸟陪伴，不离左右。当其他鸟儿开始筑巢的时候，牛鹂便像吉普赛人（gypsy）那样开始警惕地搜寻他们的巢穴——不是要偷其他鸟儿的幼鸟，而是把自己的蛋偷偷放在其他鸟儿巢穴里，这样他们就可以不用辛勤劳作，逃避孵化和哺育幼鸟的责任了。

　　牛鹂的策略也许就是观察其他种类成鸟的一举一动。也许牛鹂可以常常看到一只雌鸟在树林里或树丛里心急如焚地找寻一个舒适的窝，或者更常做的是停在一个方便观察的位置，观察身边飞来飞去的鸟儿。毫无疑问，在很多情况下，牛鹂把其他鸟儿的蛋从窝里挪走，给自己的蛋腾出地方。我看到一个麻雀（sparrow）窝里有两只麻雀蛋和一只牛鹂蛋，而另一只麻雀蛋在距离一英尺下方的地上。我把那只被扔出的蛋放回窝里，可是第二天，却又被扔了出来，它的位置上放着一只牛鹂蛋。我锲而不舍地再次将那只蛋放了回去，这次一次还被扔了或是被毁了，因为我怎么找也找不到了。牛鹂像林莺（warbler）

此处褐头牛鹂的俗名应为 Brown-headed cowbird，或 cowbird，其幼鸟的寄生习性与旧大陆的杜鹃相似。后文都简写为牛鹂。

此处作者所说的麻雀实际上并非指欧亚大陆上的麻雀，而是属于带鹀科的某种鸟类。

一样警惕和敏感，他们把那只被扔掉的蛋藏在原来鸟窝上面的鸟窝里。一天早上，住在纽约市郊（Eastern City）的一位女士听到了一对鹪鹩（wren）悲痛欲绝的叫声，他们的巢筑在她家前门廊上的金银花（honeysuckle）里。透过窗户，她看到了这出喜剧——从她的角度看是喜剧，可是从鹪鹩的角度看无疑是哀伤的悲剧：一只牛鹂嘴里叼着一只鹪鹩蛋沿着走廊飞速地逃跑，后面跟着一队愤怒的鹪鹩。鹪鹩尖叫着，斥责着，用姿势示意着，只有这些健谈的小鸟儿才能做到。正在侵犯鹪鹩窝的牛鹂也许被吓了一跳，鹪鹩们纷纷谴责他。

每只牛鹂的成长都是以两三只其他莺雀为代价的。在每个这样人烟稀少的昏暗地区放牧的牛群里总会有两只或者更多的麻雀、

莺雀（vireo）或者更少的鸣鸟。用一只百灵（lark）换一只林鹀（bunting），相当于用一个金币换一个先令，这是笔超级不划算的买卖，然而大自然本身偶尔也会这样自相矛盾。牛鹂幼鸟体形巨大，且生性好斗，也可以说贪婪。一旦受到打扰，小牛鹂就会抱紧巢穴，尖叫着，用喙啄着，威胁对方。我观察到，倘若没有我时不时地干扰，同时帮助着晚出壳几个小时的小麻雀，那只从麻雀巢里孵化出来的小牛鹂很快就会把小麻雀压制下去。我每天都会去看看那只巢，把小麻雀从大腹便便的小牛鹂下面拿出来，把他们的位置互换一下。这样一来，他很快就可以与他的敌人对抗了。所有的鸟儿都已经会飞了，差不多同时离开了鸟巢。我不知道这窝小鸟以后是否还会实力相当。

◀ 褐头牛鹂

棕顶雀鹀
Chipping Sparrow

这只雀鹀是丢失了自己的幼鸟，还是从未交配过，亦或是这仅仅是她母爱泛滥呢？

一只真正的霸鹟（Flycatcher）会以迅雷不及掩耳之势地抓获一只苍蝇，期间没有争斗，没有追赶，刹那间，捕蝇行动已然结束了。此时，我注意到远处的那只小雀鹀的捕蝇技巧还欠火候。尽管棕顶雀鹀偶尔也会胸怀大志，想要与霸鹟（pewee）一争雌雄，以笨拙地追逐"甲虫"（beetle）或"蛾子"（miller）来开始和结束他的一生，但事实上还是各种各样的种子和昆虫幼虫更适合他。我猜他现在正兴致盎然地在草地上四处搜寻他最中意的甲虫或是蛾子呢。看呐，机会终于来了！一只奶白色的草蛾子（meadow-moth）竭尽全力地变向飞着，而雀鹀（Chippy）在后面紧追不舍。我敢说这场竞争对蛾子来说危险万分，可在我看起来却非常滑稽。他们追逐着，又飞了几英尺，然后猛冲向草地——一旦距离太近了，就重新振翅飞翔，这时蛾子也恢复了正常呼吸。雀鹀生气地唧唧叫起来，下定决心不被打败。他用最小的力气就追上了这只难以捕捉的蛾子，他一直在犹豫要不要手到擒来，一把逮住蛾子，却从没有真正付诸行动。就这样，在失望和期盼之间，他很快就厌烦了，转而去尝试他赖以生存的其他更合理的方式。

去年夏天，我在笔记本里记下了这两段文字："一只雀鹀正要为屋前枫树上的一窝小旅鸫喂食。雀鹀很是专心致志，似乎还很喜欢

这几只别人的幼鸟。老旅鸫们看到她对幼鸟呵护有加，心生厌恶，所有，只要看到在鸟巢附近有雀鸫，就把他推下去。（正是雀鸫匆忙离开树的举动引起了我的注意。）她寻找着机会，趁老旅鸫不在的时候带来了食物。幼鸟们快要能飞了，当雀鸫给他们喂食时，他们张大的嘴巴简直都要把她的头吞没了。她赶忙把头缩回来，好像是怕被幼鸟们吞了似的。然后，她在鸟巢边上徘徊不去，好像在欣赏一般。她一看见老旅鸫回来，就会立马张开翅膀，摆出防守的姿势，随后就飞走了。我在想，她有哺育小旅鸫的经验吗？"（一天过后）"旅鸫不在鸟巢里，小雀鸫又来给他们喂食。她羞怯地、犹犹豫豫地靠近他们，好像是他们会吞掉她似的。然后，她把那珍稀的食物喂进他们那一张张大张着的嘴巴，迅速离开。"

这只雀鸫是丢失了自己的幼鸟，还是从未交配过，亦或是这仅仅是她母爱泛滥呢？这是个引人遐思的问题。

棕胁唧鹀似乎害怕身上的色彩出卖自己似的，因为在灌木丛中很少能够见到这么害怕进入别人视野的鸟类。

棕胁唧鹀
Chewink

　　棕胁唧鹀是一种羞怯胆小，却不是小心翼翼的鸟儿。他们十分好奇，总是在枝叶上留下许多脚印，好像刻意吸引你的注意力似的。雄性棕胁唧鹀恐怕是除了刺歌雀（Bobolink）以外颜色最鲜明的走禽：黑色的头部和背部，枣红色的翅膀以及白色的腹部。枣红色的翅膀像在向他们四周的树叶致敬一样——他们与这些叶子接触的时间太长了，好像已经给他们的脖颈和翅膀染上了色彩一般。可是，他们身上的白色和黑色又是怎么来的呢？他们似乎害怕身上的色彩出卖自己似的，因为在灌木丛中很少能够见到这么害怕进入别人视野的鸟类。他们歌唱的时候，总是喜欢待在接近树冠的高枝上。倘若此时出现不速之客，他们就会俯冲下来，迅速消失在灌木丛中。

　　托马斯·杰斐逊（Thomas Jefferson）曾经在给威尔逊的信中描述过这种鸟，并成功地激起了威尔逊的好奇心。威尔逊作为一位鸟类学家，当时正处在事业的巅峰。他的素描画把灰噪鸦（Canada jay）描画得活灵活现，他把画像寄给了总统杰斐逊。灰噪鸦是一种新发现的鸟类。作为回报，杰斐逊提醒威尔逊注意一种"怪鸟"。随处都可以听到这种鸟的叫声，但很少能够看到他们的长得什么样。在过去的二十年里，他一直在请求他所在社区的冒险家帮他捕获一只，却一直没有成功。杰斐逊在信中描述道："他们春夏秋冬四个季节都待在树林里

灰噪鸦的英文俗名也有gray jay。

高高的树梢上，不断地用甜美的音符向我们吟唱着一首首夜曲。他们的声音清亮地宛若夜莺（nightingale）。我跟踪一只棕胁唧鹀好几公里，只找到了一次看个清楚的机会。他的尺寸大小和容貌形象和小嘲鸫（mockingbird）相差无几，背部是浅褐色的，胸口和腹部是灰白色的。我的女婿伦多夫（Randolph）先生拥有一只，那是他的邻居帮他捕获的。"伦多夫推断这是一种霸鹟鸟。这一判断明显非常离谱。从杰斐逊追踪的过程和对鸟身色彩的描述来看，他一定只看到过雌鸟，但毫无疑问他头脑中一直在思考比鸟类更重要的东西，否则他肯定早就发现这种鸟了。这种鸟绝非新物种，只是一直被人称为"地鸫"（ground-robin）罢了。杰斐逊总统的错误描述将威尔逊引上了错误的道路，导致威尔逊后来花了很长时间才发现事情的真相。然而，杰斐逊的信札却是一个上好的样本，因为智者们在他们周围看到或听到一些新奇和全新的事物以后，他们总会给一些专家写信，他们描述的所谓新事物往往能够激发那些科学狂人的兴趣，因为他们的描述逼真，看起来就像外套放在椅背上那样自然。每天都会有人发现空中、水中和土里奇奇怪怪、新奇罕见的东西，但是，对于自然学家来说，这都不算是什么新奇。当威尔逊或者奥杜邦（Audubon）看到这类所谓未知的鸟儿时，错误得到了纠正，你看到的东西就成了土地里和灌木丛中随处可见的东西了。

褐弯嘴嘲鸫
Brown Thrasher

褐弯嘴嘲鸫可以发出长达一小时的声情并茂而复杂多变的啭鸣声。他可算是美洲大陆最能碎碎念的鸟类了。

长尾蹁跹的嘲鸫，名叫"褐弯嘴嘲鸫"，兴高采烈地栖息在一棵孤树的高枝上，即将发出长达一小时的声情并茂而复杂多变的啭鸣声。他可算是美洲大陆最能碎碎念的鸟类了。我所知道的鸟里，从来没有一只鸟的叫声能像他一样，语调抑扬顿挫节奏干脆利索，声音像极了大型枪支的咔哒声，活脱脱一位黄眼睛的歌唱家。为什么这个"捣蛋鬼"会如此小心翼翼的呢？他行走起来总是蹑手蹑脚的。尽管他偷偷摸摸、躲躲藏藏地像一个逃避正义的人，但是我从未发现他偷过任何东西。从来没有看到过他像其他鸟类一样翱翔在空中或是坦荡荡地在这个世界飞行。他好像总是满怀愧疚地沿着栅栏飞跑或者在灌木丛中穿行。只有当适合他的节拍响起来的时候，他才会出现在别人视野中，邀请整个世界聆听他的歌声，为他感叹。

多少年过去了，我都没有发现一个褐弯嘴嘲鸫的巢。褐弯嘴嘲鸫的巢穴不像其他鸟类那样在灌木丛中把你绊倒。褐弯嘴嘲鸫的鸟巢总是隐藏得很好，像守财奴藏匿的金子一样，十分小心地守护着。雄鸟会站在他所能发现的最高的那棵树上发出声情并茂而又胜券在握的歌声，公然挑战你，要去他的周围寻找他的宝藏。如果你真的去了的话，你肯定会大失所望，因为他的巢穴总是在他歌声的外围，他才不会鲁莽地待在离自己的巢穴很近的地方呢。在艺术家们画的这种惬意的画幅中，总是雌鸟在孵卵，雄鸟则站在一码外的高处歌唱，其实这是不符合实际情况的。褐弯嘴嘲鸫的巢穴总是在距离雄鸟惯于吟唱的位置约三十到四十丛树的地方。他的鸟巢在杜松枝下面的一片开阔区域上。我路过那里时，我的狗惊到了正在孵卵的雌鸟，把覆盖在上面的枝叶移开，才发现了下面的鸟巢。鸟巢隐藏得十分巧妙，像艺术品一样。不到最后你是不可能注意到那里的，即便你注意到了那里，你也只能发现一团团密密的绿色杜松枝。当你接近她的巢穴时，她会一直待在那里，直到你开始翻弄那些枝叶，她才会飞起来，掠过地面，划出一道棕色的光线飞到附近的栅栏和灌木丛中。我确信这个巢穴原本很难被发现，然而不幸的是我和我的狗发现了她，好像给她带来了坏运气。不久后的一天，当我再次窥视那个巢穴时，发现已经空空如也了。雄鸟自信的歌声再也没有出现在那棵他惯于栖息的树上，这一对鸟儿也再也没有在附近出现过。

　　一对要筑巢的鸟儿在繁殖季期间被干扰了一两次后就变得几乎绝望了，他们尽最大的努力想要瞒过他们的敌人。这对褐弯嘴嘲鸫把巢建在了一棵茂盛的矮苹果树下的草地上。在他们在离地面几英尺的地方铺上一堆又厚又宽的多刺小树枝，以往一直有牛在那里吃草，而那儿生长的黑莓（blackberry）丛成了巢穴的完美的屏障。我路过附近的时候，我的小狗首先发现了那只鸟儿。我聚精会神地趴在那儿看了好半天，才找到他们的巢穴和蛋。我每个星期都会有两三次从那里经过，每次都会停下来看看这个巢穴是不是更加兴旺了。雌鸟总是眼睛一眨不眨地待在那儿。一个清晨，我又探头看了看她的巢穴，发现里面空了。某些夜贼，或许是一只臭鼬或是狐狸，也可能是日间的一只黑蛇或是红松鼠抢劫过，看起来他们一定事先仔细地踏勘过。这个巢穴所在位置就是那种任何掠夺者都想去探索的地方。也许掠夺者会想："嗯，这里很可能有鸟巢。"之后，成鸟在离房子更近些

的没有遮拦的灌木丛边上挪开了数百条或者更多树枝，再一次尝试建起巢来。但是他们再一次遭遇了不幸。就这样耽搁了一段时间后，雌鸟采取了一个大胆的举措。她似乎是这样劝自己的："既然我在选择隐蔽的地方建巢时都遇到了不幸，那么，现在我要采取一个相反的策略，那就在几乎没有遮拦的地方建吧。我能隐藏的地方，敌人也能隐藏：我要高调一点。"因此，她从那里出来，用两个葡萄园之间的路边的小嫩芽建了个巢。我每天来回都要多次路过那里。一天清晨，在我开始工作的时候，无意间看到了她，她突然出现在我的脚下，飞快地掠过那片耕地，她的颜色几乎和土地一样红。我非常欣赏她的胆量。当然不会再有小偷会注意到这个在建在无遮无拦几乎完全暴露的巢穴。可是这个巢穴没有遮盖物，也没有可以隐藏的地方。这个巢穴建得很仓促，似乎这对鸟儿建巢的耐性已经被耗尽了。不久，她产下了一只蛋，第二天产下了第二只，第四天又产下一只。毫无疑问，如果没有人类干涉的话，她还会继续生产。葡萄园翻耕的时候，马和犁地机（cultivator）一定会经过那里，而这只鸟却无法预料这个问题。我决定帮助她一下。我叫来我的伙计，告诉他葡萄园里有一个还没有他手心大的地方，不要让马蹄踏，也不要让耕地机锯齿碰到。然后，我把巢穴所在的位置指给他看，要求他无论如何都要避开。也许如果我能保守秘密，让鸟儿自己碰碰运气的话，那个巢穴就会幸免于难了。结果却是我伙计太过小心，想要避开那个巢穴，反而适得其反，马踩了上去，马蹄正好落在了巢穴上。这么小的一个地方，马蹄正好踩上去的可能性很小，可是事实就是这样，鸟儿的希望再一次破灭。这对鸟儿就这样在我住所附近消失了，我此后再也没有见过他们。

莺鹩鹩
House Wren

我们的年轻诗人迈伦·本顿看到了一只小鸟"因为欣喜若狂，而将羽毛竖起"，说的一定是莺鹩鹩，因为我知道除了莺鹩鹩外，不会有其他的鸟儿像这个小流浪儿这样活力四射，会随着音乐抖动。

几年前，我在花园后端建了一个小鸟屋，作为莺鹩鹩的住所，每个季节，都会有一对莺鹩鹩把那里占为己有，在那里安家落户。有一年的春天，一对东蓝鸲观察这个小鸟房，在那儿徘徊了好几天，我以为他们会决定在那里安家落户，谁知他们最后还是飞走了。那个春天将尽的时候，那对莺鹩鹩又飞回来了，调了一会儿情以后，就按照习惯在他们的旧居安顿下来，要多开心有多开心，只有莺鹩鹩才会那么开心。

我们的年轻诗人迈伦·本顿（Myron Benton）看到了一只小鸟"因为欣喜若狂，而将羽毛竖起"，说的一定是莺鹩鹩，因为我知道除了莺鹩鹩外，不会有其他的鸟儿像这个小流浪儿这样活力四射，会随着音乐抖动。我刚刚提到的这对莺鹩鹩似乎异常高兴，雄鸟的嗓子里发出强劲的歌声，这歌声令他在一整天时时刻刻都在"抖动"着。但是他们的蜜月还没结束，那对东蓝鸲就回来了。早上起床时我就知道出了问题。窗外没有了热情洋溢，如行云流水般的歌声，取而代之的是莺鹩鹩因为害怕发出的指责声和叫喊声。我出了门，看到了那对东蓝鸲占领了那幢房子，而可怜巴巴的莺鹩鹩感到万分绝望，以莺鹩鹩特有的方式扭着爪子，撕扯着羽毛，主要连珠炮似地说出了他们对侵入者的厌恶和愤怒。我坚信，如果他们的话可以翻译出来的话，那一定是他们所说过的话中最极端、最流利、最粗俗的骂人话。因为莺鹟鹩很粗鲁，他脑袋上的那张嘴可以喋喋不休地说出其他我所知道的语言。

东蓝鸲沉默不语，但是雄旅鸫却密切注视着雄鹟鹩的一举一动，他靠得太近的时候，他就会追赶，将其驱逐到篱笆下面，垃圾堆里或其他什么地方，雄莺鹟鹩会在那里指责他，喋喋不休地说个没完。而在这时，雌莺鹟鹩则栖息在篱笆上或是豌豆丛上，等着他再次出现。

许多天过去了，掠夺者成功了，被赶出来的鸟儿们悲惨凄凉，在附近徘徊不去，对着敌人破口大骂，毫无疑问，他们都希望能像他们之前那样，事情会出现转机。莺鹟鹩充满了愤怒。雌东蓝鸲产下了满满一窝卵，开始孵起来。有一天，她的配偶在她上方的仓库上栖息，走过来一个调皮捣蛋的男孩顽皮，手拿着一个弹弓，用一块鹅卵石把他打了下去，尸体躺在那里，就像被咬了一口从天空落到了草地上。一下子变成寡妇的雌鸟似乎明白了刚刚发生了什么，她没怎么伤心，在第二天就飞走，寻找下一个配偶了。

在这个重要的时刻，那对莺鹟鹩正在一旁幸灾乐祸呢，他们高兴得简直都要尖叫起来了。如果说之前雄鸟"因为欣喜若狂，而将羽毛竖起"，那么，他现在因为欣喜若狂，而像是要被撕碎了一样。他胀大喉咙欢唱着，像是从没有唱过一样。此时，雌鸟也咯咯地叫着，飞来飞去。他们是多么忙碌呀！冲进巢穴，不到一分钟（莺鹟鹩的时间），就把鸟卵全都推了出去。他们运进了新材料，在第三天就重新布置好了他们的旧居。然而就在第三天，悲剧来得竟然这么快，雌东蓝鸲带着另一个配偶卷土重来。啊，这对莺鹟鹩怎么能平静下来呢！这对儿小东西无比沮丧，万分绝望！多么遗憾啊。他们没有像之前那样相互埋怨，而是在一两天以后，放弃了与东蓝鸲的争斗，黯然神伤，默默地离开了花园。

　　八月二十日，从一棵苹果树树枝上悬着的拟鹂鸟（oriole）的巢穴里，传来了莺鹩鹩小鸟的叫声。但那是东蓝鸲的第二窝，快会飞了。前一段时间，这对莺鹩鹩成鸟还下定决心，长期致力于将巢穴建在已经被一对东蓝鸲占了的树洞里。而这个树洞原来是属于一身茸毛的啄木鸟（woodpecker）的。秋天还没有来到，啄木鸟就凿出树洞，后来在那里度过了冬天。据我所知，早晨他常常会在床上躺到九点才起床。春天，他去了别的地方，或许是和一只雌鸟在另一个住所安顿了下来了吧。这对东蓝鸲早早抢占了这个树洞，六月的时候，他们的第一窝小鸟飞走了。显而易见，这对莺鹩鹩曾经对这个巢穴虎视眈眈，在周遭徘徊等待（这样有趣的事到处都有），现在，他们想当然地认为机会终于来了。小东蓝鸲飞走后，也就一两天吧，我注意到树洞入口处沾着一些细小的干草。过一段时间，我才明白了发生了什么事：一只莺鹩鹩被一只雄东蓝鸲穷追猛打，经过我的身边冲进一棵小云杉树里，看起来简直就是两道紧贴的弧线，一道棕色，一道蓝色。莺鹩鹩曾经去做过树洞清理工作，东蓝鸲回来发现自己的床和床具被扔了出去，于是他用最果断的方式让莺鹩鹩明白他不打算这么早就腾出这个住所。一天天过去了，在之后的两个星期里，雄东蓝鸲不得不向那些侵入者申明这是他的住所。这占用了他好多时间，同样也占用了我好多时间——我拿着书坐在避暑别墅附近，看着他暴跳如雷，恶意攻击，不由得哈哈大笑。有两次，莺鹩鹩从我的椅子下面冲过，就像从我的面前闪过一道蓝光。有一天，当我经过那棵树，那个树洞的时候，我听到莺鹩鹩绝望的叫声。转过身来，我看到那个可怜的小流浪儿摔倒在了地面上，那只愤怒的东蓝鸲差不多趴在他的身上。原来是东蓝鸲及时返回来，抓了他个现行，显而易见，他下定决心要好好收拾一下这只莺鹩鹩。在争斗过程中，莺鹩鹩从草地上趁机逃跑了，藏匿到这些友好的常绿植物里去了。东蓝鸲展开翅膀，歇了一会儿，东张西望，寻找那只逃跑的莺鹪鹩，然后飞走了。六月里，有好多次，我亲眼看见有莺鹪鹩拼尽力气挣脱东蓝鸲的穷追猛打，他冲向石头墙，冲到度假别墅的地板上，冲到野草里——冲到任何可以隐藏他那小脑袋的地方。东蓝鸲那鲜艳的外套让他看起来像是穿着制服的军官，在寻找某个邪恶的、迟钝的街头流浪儿似的。通常，那棵云杉树（spruce）是莺鹪鹩最喜欢的避难所，只要飞进云杉里，追赶他的东蓝鸲就会放弃。雌东蓝鸲在隐秘的树枝间孵着卵，以责骂、焦躁的口吻叫着。与此同时，雄鸟盯着折磨他的雌鸟，站在最高的树枝上放声高唱。我不知道他为什么在此时此刻唱歌，是怀着胜利的喜悦，还是在嘲笑别人，亦或是在鼓起勇气和安慰他的伴侣？歌声突然戛然而止，我瞥了一眼，看到他冲进了云杉里，我的眼睛一直都能捕捉到一双蓝色的翅膀在附近盘旋。最终，那对莺鹪鹩放弃了这场争斗，他们的敌人东蓝鸲得以平安地哺育了第二窝小鸟。

歌带鹀
Song Sparrow

　　1881年的春天，我观察的第一只歌带鹀的巢穴建在田野里一块破木板下。木板由两个支杆支起来，距离地面有两三英尺。成鸟所有的蛋都在鸟巢里，也许他们已经孵化出了一窝小鸟，由于疏忽，我并没有进一步的观察，所以我对此不太肯定。这个巢穴建的很是隐秘，不太容易遭到天敌的攻击，不过蛇和鼬（weasel）除外。五月的一天，一只显然在这个季节的早些时候遭过难的歌带鹀，在我房子旁边的茂密的忍冬属植物（woodbine）丛中建了一处巢穴，巢穴离地面大约有十五英尺高。这大概是从她的近亲家麻雀那儿得到的暗示吧。巢穴的位置选得极好，悬在屋檐下，从而免受暴风雨之害。因为有厚厚的树叶遮蔽，从哪个角度看都不易被发现。在耐心观察到这只可疑的鸟儿衔着食物在附近徘徊，我这才发现了她的行踪。我想，毫无疑问，那一窝小鸟都很安全，但事实并非如此：一天夜里，一只想要进入我房子里的猫头鹰或老鼠，爬进了忍冬属植物里，抢劫了这处巢穴。鸟妈妈就痛定思痛，反思自己的坏运气产生的原因，反思了近一个星期后，似乎下定决心要采取一套新策略，不再把巢建在隐秘的地方。她在离房子几英尺远的快车道旁边平坦的草地上建了一处巢穴。那里无遮无拦，巢穴无处隐藏，也没有可以标记位置的杂草或灌木丛。巢完工以后，还没等我发现发生了什么，她已经开始了孵化工作。我低头

家麻雀：原文为English Sparrow，英国麻雀，或欧洲麻雀，19世纪引入美国。

看了看差不多就在我脚边的鸟巢，自言自语道："算啦，算啦，这简直就是在走另一个极端，现在就连猫都能找到你。"这只绝望的鸟儿日复一日地孵着她的卵，活像矮草地上落下的一片棕树叶。天一天天热起来，她所在的位置也越来越难受起来。这不再是给鸟卵保温的问题，而是要保护它们免受烤灼的问题。太阳对她一点也不怜悯，正午时分，她简直是娇喘微微。在这样的非常时刻，我们都知道雄旅鸫会落在正在孵化的雌鸟上方，张开双翅为她遮挡骄阳。可是，在这种情况下，没有可供雄鸟栖息的栖木，要不然他早就把自己当做雌鸟的遮阳伞了。我想从我这个角度亲自帮他们一下，所以就将一个茂盛的树枝插在他们巢穴旁边。这大概是一个不明智的举动。它给巢穴带来了灾难——巢碎了，鸟妈妈也许也被其他动物抓住了，因为我此后再没有见过她。

有一天，在距我看书几英尺的地方上演了一出悲剧：两只歌带鹀正试图保护他们的巢穴免受一条黑蛇的侵害。一只突然闯入这个现场的小鸡发出好奇的询问声，把我的注意力从正读的书转移到了他们身上。两只歌带鹀张开翅膀，如临大敌，样子十分古怪，惊慌失措地冲向矮草地和灌木丛。随后，我走近一看，看到了一条快速爬行的黑色闪亮的蛇的身影，蛇在追赶歌带鹀，想要抓住歌带鹀。歌带鹀在草地周围和草地里迎击，想要击退那条蛇。他们的尾巴和翅膀伸展开来，由于天气炎热，也由于拼命地挣扎，他们都气喘吁吁的，却呈现出一幅奇特的景象。他们没有叫，一丝声音都没出，他们只是因为恐惧和惊慌而说不出话来。他们一直伸展着双翅，可以说，我永远也不会忘却他们那抬起的脚爪。我突然想起，也许对于蛇来说，这只是一起鸟企图攻击而未遂的个案，所以我在篱笆后面观望着。只见这对鸟儿向蛇冲了过去，从各个角度一次次地发起攻击，然而，很明显，情况不妙，不利于他们继续保卫自己的巢穴。每过一会儿，我都能看到蛇伸出头和脖子袭击这对鸟儿，被咬的那只鸟不会后退，另一只前仆后继，从后方发起第二轮攻击。蛇会侵袭鸟儿，抓住其中一只，这似乎有点危险，尽管我为他们而颤栗，但他们却很英勇，接近蛇，离蛇的头部这么近。蛇屡次跃起向他们扑去，却都没有成功。这对儿可怜的小东西喘得多厉害呀，可还是抬起了迷人的双翅！随后，那只蛇爬到了篱笆附近，与我扔出的石头只差一点，侥幸逃跑了。我看到那处巢穴已经被抢劫过了，一片狼藉。我不知道巢穴里的究竟是鸟卵还是幼鸟。雄鸟这一天为我唱了好多的歌来让我开心，我却没能在敌人攻击他们时，及时援救他们，为此，我感到自责。老百姓中盛传蛇可以对鸟儿施魔法，这种想法也有些道理。黑蛇是蛇类中最狡猾、最警觉、最邪恶的。我看到他的嘴里除了无助的幼鸟以外，别无他物。

　　如果一只鸟总是将巢穴建在地面上，她又隶属于一个习惯在地面上建巢的种族，那么，她在树上建巢就是一次冒险的尝试。我的一个近邻——一只小歌带鹀，就在刚刚过去的那个季节里吸取了这个教训。她变得越来越野心勃勃，偏离了她的种族传统，把她的巢穴建在了一棵树上。她选了一个多么漂亮的地方啊！一个由挪威云杉（Norway spruce）的两个平行的树枝交错形成的悬垂的支架。这些树枝几乎都水平伸出，甚至在春天的时候低处的枝叶都这样伸出来，与侧面的短枝一起垂下，形成了一个倾斜的小"山脊"。在两支树枝相交的倾斜处，形成了一个小"山谷"，看上去比实际上要坚固一些。我观察的这只小歌带鹀选择了其中一个小"山谷"，这个小"山谷"距离地面大概有六英尺，与我房子的墙很近。她琢磨着："在这里，我要建一个巢，然后在这个小'挪威'里度过炎热的六月，这棵树就是被云杉树枝覆盖着的一座小'山'，而旁边的小'溪谷'就是我选来建巢的地方。"她搬来大量粗糙的草和稻草来作为地基，就像在地面上建巢一样。在这团草上方，她的巢穴渐渐显现出精美的结构来——在由毛发和纤维做成的精致的地毯还没铺上之前，这个巢穴既瓷实又精炼。这只小鸟偷偷摸摸地进出她的住所，她时刻都警惕着，唯恐你发现了她的秘密！她产下了五只卵，孵化日期也提前到了暴风雨来临之际。支架的确摇晃了，大树枝虽然没断，却摇摇晃晃地分开了，就像你把交叉在一起的双手分开了一样。巢穴翻了个底朝天，里面的东西堕入了深渊，就像一场地震毁掉了一个村庄一样。

天生在树木上建巢的鸟儿是不会把巢穴安放在这样的位置上的。像拟鹂（oriole）那样将巢建在树梢的鸟儿，会把巢穴牢牢固定住。而其他诸如旅鸫这样的鸟儿会把巢穴建在主树干上。其余的鸟儿会把巢穴牢牢地建在树杈上。由于缺乏这些常识，歌带鹀才会将巢穴建在两支树枝的交叉处，所以当暴风雨来临的时候，树枝分离，巢穴被席卷而去。

一只小短尾歌带鹀把她的巢穴建在一堆灌木丛中，那儿距离北卡茨基尔山（Catskill）山脚下的一户农舍厨房的门很近，我在那里度过了这个夏天。那是在七月末，她大概在早些时候已经哺育了一窝幼鸟。她的样子明显很憔悴。我注意到她日复一日地奔波于农户和牛奶屋之间的栅栏和柑橘树丛中，嘴里衔着粗糙的稻草和干草。作为一个旁观者，对我来说，她似乎一直都在毫无目的地搬运东西，将干草从一个地方搬到另一个地方只是为了消遣。当我走近她，想要找到她的巢穴所在位置时，她似乎开始怀疑我的意图，做出佯攻的假动作，想要把我吓走。但是我并没有被她误导，不久，我就发现了她的秘密巢穴。雄鸟一点也不肯帮助她，大部分时间都站在房子旁边的苹果树或是篱笆上唱着歌。

歌带鹀几乎总是将巢穴建在地面上，而我的这个小邻居却把巢穴的地基放在了距离地面一英尺或更高的地方，她还收集了一大堆稻草和小树枝！刚开工的时候，她是多么粗心和盲目啊，活干得也很粗糙，很多碎屑都掉在了乱糟糟的干树枝上。不过，很快就得到了改善，中间竟然成形啦！直到她着手将一堆粗糙的稻草和树枝用毛发编织成精致的杯状物，中间渐渐有了巢穴的形状。多么完美的进化过程！第一根坚硬的稻草的出现，预示着巢穴的竣工，但是距离这个讲究的鸟巢里装满她那长满斑点的卵还很早着呢！这个巢穴安放的位置多么巧妙，酸模（蓼科植物）（dock）又大又宽的叶子垂下来正好可以当顶篷用。这片叶子成为了遮风挡雨最好的防护物，虽然本来是用来隐藏巢穴，防止巢穴上方其他天敌找到这里的，比如在墙上徘徊不去的猫。在鸟卵孵好之前，那片酸模的叶子枯萎，干枯，掉落在了鸟巢上。然而，鸟妈妈却成功地让自己待在树叶下，照旧继续孵化。

接下来，我在巢穴上面特意放置了一些叶子和树枝来掩盖，在他们飞走之前，叶子和树枝一直遮蔽着鸟妈妈。这只小短尾歌带鹀的技艺和秘密，以及雄鸟的歌声，都使我对那段日子和那个地方有了感触，使我久久不愿忘怀。

烟囱雨燕几乎不会在地上降落，据我所知也不吃陆地上的食物，真可谓属于天空的鸟类啊！

烟囱雨燕
Chimney Swift

　　一天，一群蜜蜂涌进了我家的烟囱。我走到烟囱旁，试图探寻它们的去向。我把脖子伸向覆满烟灰的出烟口，耳朵里全是嗡嗡的声音。我的目光投向黑黝黝的烟道内部，先是落在一对又白又长的珍珠状的东西上，它们待在嫩枝做成的小小的架子上，那是烟囱雨燕（chimney swallow）（或称烟囱刺尾燕子[swift]）的小巢还有与蜂蜜、烟灰混杂着的鸟蛋。虽然这是一条还没有用过的烟囱，但那群蜜蜂还是在烟囱顶部发现了无烟煤燃烧散发出的轻烟，笼罩的轻烟太多了，于是它们便离开了。而烟囱雨燕却没有被烟雾击退，他们把他们以前的住处——空心的树干或残存的树桩似乎彻底放弃，经常出入的只有烟囱。这些不知疲倦的鸟儿，一直在拍动着翅膀飞来飞去，似乎可以二十四小时之内日行千里，绝不会在枝头停歇，甚至在辛辛苦苦折断了树冠顶部的小嫩枝之后，都不愿停下把这些筑巢材料捡起来。我把一只烟囱雨燕关在一个房间里，它会飞个不停，至到精疲力竭、晕头转向为止，然后便缩在墙边直到死去。我有一次外出了几天，一回到家，发现了一只奄奄一息的烟囱雨燕，我把它从墙边挪开，它小爪子抓了一下我的手指，但双眼一直没有睁开，看起来会像它的同伴一样，在地板上死去。将它向空中一抛，优异的飞行能量似乎被瞬间唤醒，随即一飞冲天，直冲云霄。烟囱雨燕在空中飞翔的时候就好像一

名在比赛中脱去外衣的运动员。身披大翎毛和羽毛的鸟儿为数不多，但由于无与伦比的速度和惊人的进化，那些羽毛已然进化成为硬挺的战衣。好像翅膀只有一个关节，而且离身体很近，因此做出的动作颇具特色，翅膀不太能弯曲，这可能是由外层大翎毛和内层小绒毛长大变硬造成的缘故吧，因此，看起来翅膀只以翅膀和身体的连接处为轴。与家燕那砖石般的羽毛线条相比，雨燕的羽毛又细又软，如同用了斯伯丁牌（Spaulding's）胶水精致粘合而成。

　　毫无疑问，我的小屋侧面的大烟囱对烟囱雨燕们有吸引力。由于整个夏天，大烟囱一直被闲置着，所以，现在有两对雨燕在里面筑了巢，安了家。自那时起，我们整天都听到它们扑扇翅膀的声音。一天晚上，一个鸟巢从上面掉到了壁炉旁，这窝幼鸟那喋喋不休的尖叫声和交谈声那个大，而且说开始就开始！我和我的狗都睡不着了。它们齐声鸣叫，叫了半分钟再一齐停下，仿佛有口令一般。现在它们又开始扯开喉咙喊叫，再戛然而止，进入死一般的沉寂。就算它们曾经长期在一起练习过，也不会比现在唱得更好。我从未听到过鸟儿的叫声对时间的把控如此的准确无误。过了一会儿，我起床把它们放回烟囱里，用报纸堵住烟道口。翌日，鸟妈妈带着食物飞了回来，由于冲劲过大，直接穿透了报纸，落到了壁炉口。我顺势将她抓住，看到她的嘴被食物胀得慢慢的，好像吃着玉米粒的花栗鼠，亦或是男孩装满栗子的口袋。她正要把黄豆般大的虫子吐出来时，我将她的嘴掰开。嘴里的大部分虫子已经被浸泡软了，只有两只家蝇还活着，对于它们来说，没有什么比被鸟儿含在嘴里更糟糕的了。苍蝇伸展身躯，在我手上爬来爬去，重新呼吸到新鲜的空气，一副十分享受的样子。直到两个小时后，雨燕才壮起胆来，再次带着食物回到烟囱里。

　　这些小鸟儿从来不知疲倦，不会在建筑物或地面降落，显而易见，一整天都在拍动着翅膀飞翔。雨燕在暴风雨中也可以安然地度过。在一个电闪雷鸣的下午，我目睹了三只雨燕与暴风雨搏击的画面，这振奋人心的一幕一直在我脑海里回放。那一天，狂风骤起，黑云涌动，西边一阵阵凶恶的巨浪翻涌而来，轰隆隆的雷声响彻云霄，雨点很快就要砸下来，就在这时，我看见了三只雨燕在高高的天上不紧不慢地我行我素，冲着暴风雨张开的血盆大口直飞过去。它们不慌不忙，心无旁骛，保持着沉着冷静，镇定自若，在空中稳稳地飞翔，就像在空中抛下了锚一样，直到暴风雨逐渐远去。我不知道陆地上其他的鸟类是否有能力如此安然地度过暴风雨。

在为巢穴选材方面，树冠顶部的小嫩枝始终是雨燕的首选，鸟儿把它们折下，用自己的唾液做胶水，粘合在一起，固定到烟囱的一侧。在她还不能彻底避免下雨时巢会被冲下去这一困扰的时候，煤烟成为了一个新的麻烦。若你将头伸向烟囱口，她会用一种聪明的方式把来者吓跑：届时她会从鸟巢起飞，紧紧地贴住邻近的烟囱壁。尔后，慢慢地抬起翅膀，忽地冲出去，一来一回，翅膀发出鼓鸣般的声音在通道中回荡不已。倘若这样还是没能把来的人吓跑，她会再重复上三四遍。如果你的脸还在烟囱顶部，她会停下来，静静地守望着你。

烟囱雨燕几乎不会在地上降落，据我所知也不吃陆地上的食物，真可谓属于天空的鸟类啊！此时此刻，燕子从高处落了下来，向地面飞去，落到地上寻觅着筑巢的材料，而雨燕不是这样的，她筑巢用的嫩枝，都是在飞翔中采集的，毫不费力地掠过，就像旋转木马上的孩童看到铃铛去抓，或是在木马上经过某个点开心地做其他动作一样。雨燕如果错过了嫩枝，或者在第一次折的时候没折下来，她会一次又一次地反复尝试，每次环的圈都会更大，好似在简单地训练战马，带领他找准定点处，准确停下一样。

尽管雨燕是鸟类中的"硬汉"，而且从外表上看，翅膀中没有关节，不能弯曲，但是雨燕却是以他那快乐的气质与超强有力的翅膀这一特点与其他鸟类区别开来。他的生活就像是一幕一直循环放映的戏剧，剧情只有采嫩枝和喂食的戏剧。春天或秋天里，当夜幕即将降临之时，许多雨燕聚集成群，一起向闲置的大烟囱里的巢穴飞去，这样的场景我见过很多次了。这种情景就好像是在举办一场华丽庆典或者空中盛宴，又好像要在黑夜来临之前，把他们过剩的能量消耗殆尽。鸟儿们在烟囱上空高高地盘旋，一圈又一圈，黑压压的一片。他们神态各异，每只鸟都欢快地叽叽喳喳地叫着，情绪高涨。不断有新的鸟儿从四面八方飞至，加入这一盛宴，鸟儿的数量一直在增加着。这些雨燕好像倏地从空中变出来的，欢快地叫着、唱着从四周现身。这一家族的盛会持续了足有一个小时，甚至更长。鸟儿的数量之多，让人觉得一定是整个镇子乃至半个州的雨燕都来赴会了。它们已经飞了一整天，看起来却没有一丝倦意，似乎飞翔的那股冲动难以抑制。

　　有一年的秋天，在离我不远的城市里，一群烟囱雨燕以这样的方式集会，在夜晚来临之时涌进一个大型烟囱之中过夜。它们的这种生活状态持续了一个半月还多。好几次，我都进城去见证这一奇观：据我观察，鸟的总数达一万之多，占据的天空面积足有广场那么大。他们在空中飞旋，像一大群黑蜂，但听起来不是嗡嗡声，而是欢快的叽叽喳喳声，仿佛在向围观的人们致敬。人行道边，人们纷纷驻足观看，观看这场免费开放的娱乐表演。唱歌的鸟儿们在经过好一阵嬉闹之后，突然在烟囱上空聚拢，接着一支分队突然从烟囱口进入，好像被强大的吸力吸进去似的。这一冲刺延续了几秒，鸟儿们就又回到上空开始了欢快地嬉戏，叽叽喳喳声响起来，表演开始。每一两分钟这样的表演会重演一次。为了防止烟囱堵塞，一次只会有一部分鸟儿钻进烟囱。通常过了半个小时，鸟儿才会全部进入了宽敞的烟囱，消失不见。当鸟儿靠近烟囱时，会表现出一丝胆怯与犹豫，这与它们在接近死亡树木的树冠、折下嫩枝筑巢时的表现非常相像。我经常能看到有鸟儿在烟囱入口处徘徊一下才钻进去，看起来它好像只是微微地调整了一下角度。有一次，一只鸟儿被落在了后面，它尝试了三四次才下定决心找到路线飞进去。不论阴天或是雷雨天，鸟儿一般都会在下午三点开始聚集，到下午四五点钟之前，它们就都会在烟囱内各就各位了。

橙顶灶莺从一个单调无趣、歌唱跑调的业余歌手一跃成为一位拥有强大力量的抒情诗人，这是一个巨大的惊喜。

橙顶灶莺
Oven-Bird

每一位常去林子里游玩的人都会看到这样一种美景：一种胸部长着条纹、背部黄褐色的小鸟，摇头晃脑地在距离人几码远的干树叶上窜来窜去，它走路的样子，活像一只家养的小鸡。大多数的鸟类，如旅鸫，当它们跑动起来或者从地面上跳起的时候，都是梗着脖子，好像头被钉在了身体上似的。可是橙顶灶莺或其他鸟类，诸如鸦、鹌鹑或者乌鸦，它们走起路来会随着双脚的移动而摆动头部。橙顶灶莺栖息在距离地面仅仅几英尺的树枝上，尖锐刺耳的叫声一次次响起，声音就像在喊"牧师、牧师、牧师"或者"老师、老师、老师"，声音越来越大，重复六七遍，这对我们大多数人来说，已经是再熟悉不过的了。但是人们对橙顶灶莺从树顶上的高空蹦出的狂野如铃般令人着迷的歌声却没有这么熟悉。在不长的一段时间内，他从一个单调无趣、歌唱跑调的业余歌手一跃成为一位拥有强大力量的抒情诗人，这是一个巨大的惊喜，这种鸟经历了彻底的蜕变。起初，它是一种沉默寡言、羞怯胆小的鸟儿，摇头晃脑地在树叶上行走着，就像一只小母鸡；后来，它栖息在距离地面几英尺的树枝上，开始发出尖锐刺耳、枯燥乏味，甚至不成调的颂歌。可以确定，这是一种再普通不过的凡鸟。然而，直到它那鼓舞与激发斗志的歌声出现的时候，一切都变啦！歌声穿过树枝，在一根根树枝间跳动，速度越来越快，最后

提升到树顶，到了五十英尺或更高的高空。然后，突然变成了令人狂喜的歌曲，节奏明快，宛转悠扬，热情奔放，不再像它以往的习惯性表演，倒更像是一场比赛，一支火箭；简短却振奋人心，坚决却悦耳动听。当飞翔的高度与歌声达到顶点的时候，它收拢起翅膀，像云雀（skylark）一样垂直俯冲下去。如果它的歌能够再延续一会儿，那么这歌就会与那种有名的鸟相媲美。在六月上旬期间，这种鸟一天中会多次如此这般地演出，但是最频繁出现的时间还是在黎明。

　　大概是在六月的一天，在树林的地面上有一个鸟巢，鸟巢里有四颗奶白色的蛋，蛋上有棕色或淡紫色的斑点，可能是由于鸟巢的两端比较大，它通常会给有幸发现它的路人带来快乐的悸动。它跟建在地上的麻雀巢很像，都是顶部带盖或者带棚的。这时，棕色或背部黄褐色的小鸟从你的脚下开始逃窜，轻快无声地在叶子上闪过，然后转过它那带有斑点的胸部回首凝眸，看是否有你追随。她的步态非常优雅，比丛林里最优雅的过客都要优雅，但是，当它察觉到你发现了它的秘密的时候，就会假装它的腿和翅膀受了伤或者有残疾，以此吸引你的注意力，让你去追赶它，这就是橙顶灶莺。我最后一次发现这种鸟的巢穴是在我寻找粉色凤仙花的时候。我们突然发现几簇花就在我们走过的小路上，距离我们只有几步远。我们俯身观赏这些花儿，这时小鸟从旁边跳了出来，毫无疑问地以为自己是观察的对象，而不是距它一两英尺远的地方摇曳的紫色玫瑰。但是如果它就待在原地不动的话，我们绝对发现不了它，覆盖着地面的干树枝和松树针叶的蓬乱毯子上有一条裂缝，进入这条裂缝就潜入了它的巢穴，树叶和松针在它的巢穴上面形成了一个天蓬，向西面和南面倾斜，这里就是频繁夏雨的源头。

灰嘲鸫
Catbird

他好像只是把音乐视为一种时尚。换句话说，灰嘲鸫的歌声好像不是源于内心的快乐，却更像是电影的配乐。

对我来说，要说服自己，承认这只鸣叫着的鸟是雄性的，确实有一定难度。灰嘲鸫（catbird）的那种行为方式和音色无疑是雌性所特有的。但事实上，只有雄性的灰嘲鸫才会这样歌唱，许多次我都不怎么知道对他该是喜欢还是讨厌。也许他平时表现有些过于平庸，但在和声之中，他的声线又太过突兀。如果你等着听其他鸟儿的声音，灰嘲鸫会受到刺激，就会和声时一定把声音放的过大、过长，把那只鸟儿的声音淹没。倘若你坐下来留心观察你所钟爱的那只鸟儿或者是其他新来的鸟儿，他就会抑制不住好奇心，会从不同的观察角度观察你或者嘲笑你。其实我哪里会错过他呢？我只是把他放在次要一点的地位，让他不那么显眼就是了。

它是森林里诙谐的模仿家，它的段子总是用促狭淘气、戏谑玩笑、半讽刺的低音哼唱出来。好像他在用以这样的方式故意模仿那些令人嫉妒的歌唱家，使它们尴尬难堪似的。炫耀的旋律，私下的练习和排练，可是却使它听起来像森林中最不真诚、最名不符实的歌者，尽管其名气甚至超过了旅鸫和林鸫。他好像只是把音乐视为一种时尚。换句话说，灰嘲鸫的歌声好像不是源于内心的快乐，却更像是电影的配乐。他是一个很好的模仿诗人，但他不是一个伟大的原创诗人。他的声线活力四射，节奏明快，变化多样，但是却没有细腻的趣味，他没有高亢清澈的旋律，他的表演如同梭罗笔下的松鼠，永远表现出旁观者的视角。

　　灰嘲鸫的音乐有某种气质和优雅让人肃然起敬，就像与史上最有教养的女士进行快乐的对话的那种敬意。他有一种与生俱来的警觉天性，一直对嫩枝与干草做的结构简单的巢穴忧心忡忡。一次，我在林中散步的时候，被经久不息的悲伤而又警觉的叫声所吸引，声音从一处植被繁茂的小沼泽地传来，沼泽地四周围满了野蔷薇、树莓和接连不断的牛尾菜，我知道一定是我那忧郁的模仿家处在危难之中了。我勉强拨开一个缝隙，进去看个究竟。入口十分小，我不得不脱掉帽子来缩小暴露在荆棘硬刺中的身体面积。我停在一小块立足之地上，我看到了一幅令人憎恶却迷人的景象。距离我三四码远的地方就是鸟巢，鸟巢下面长长的花枝上吊着一条巨大的黑蛇。一只未成年的鸟儿正从他大张的口中慢慢地消失。他似乎没有见到我，于是我静静地观察着这个过程。他慢慢一点点地把嘴巴合上，有弹性的口腔将鸟儿包住，头瘪了，脖子扭曲着，肿胀着，闪闪发亮的身体波动起伏了两三下，就把鸟儿彻底吞了下去。然后，他小心翼翼地把自己的身体抬起来，嘴里吐着信子，小心谨慎地盘在了巢穴上方，朝鸟巢内窥探。可以想象，对于鸟儿这一家子来说，没有什么比在家上空突然出现这个淘气的死敌的头和脖子更让人毛骨悚然的了。这样的情景可以使他们血管里的血液瞬间石化。黑蛇没有找到猎物，顺着树干向下爬到了另一根树枝上，从反方向开始搜捕。他鬼鬼祟祟地绕过枝干，抬起头俘获了一只成鸟。蛇没有腿，没有翅膀，却在只有鸟类和松鼠可以安家的高度，灵活而敏捷地穿行，爬上爬下，在极易弯曲的大树枝上流窜，以惊人的速度在高大而宽阔的灌木林里往来穿梭，如有神助，这真的很让人惊叹。人们想到了关于秉性的伟大神话，想到了"我们所有痛苦的根源"，猜测这个死敌是不是现在在自己面前搞什么恶作

剧。我们叫他蛇或是恶魔关系不大，我依然情不自禁地仰慕他那让人毛骨悚然的美：那黑色闪着光的褶皱，那气定神闲之态，那流畅的滑行，昂扬的蛇头，闪光的双目，火红的细舌，还有像长了翅膀似的无形运动力。

与此同时，剩下的一对成鸟还在继续悲恸欲绝地鸣叫着，还时不时地张开双翼恫吓敌人，后来竟然还用爪子和嘴抓住了敌人的尾巴。受到攻击的蛇飞快地把身子折返回来，头朝尾巴而去。这一战略性的动作一做完，似乎已将鸟儿搞得晕头转向，一切已在他的掌控之中。但是情况并不完全如此，在他的嘴伸向垂涎已久的美食的时候，鸟儿就会挣脱开来，显而易见，身体虚弱，泣不成声的鸟儿飞向更高的枝头苟延残喘。蛇那赫赫有名的魔力这次似乎没有给他助力，否则一只弱不禁风、并不善战的鸟儿不会逃离他致命的魔咒的。精疲力尽的黑蛇沿着倾斜的桤木滑了下去，这时我的胳膊稍微动了动，被他注意到了，他立即蜷缩起来注视着我，那眼神中看不出一丝的情绪。这种眼神我相信只有蛇和恶魔才会有。他做了一个很高难度的动作，似乎是从自己身上爬过去的，之后很快转过去，在枝干间爬行。显而易见，他认出了我是他曾经巧妙地毁灭过的宗群的代表。不一会儿，他柔软的身体便弯曲成的树枝的形状，漫不经心地把身体抛到桤木的树冠上。但是闪闪的柔软的蛇皮把他暴露了，古老的报应很快就到了。我行使自己的权利，使用定位准确的"导弹"向他射去，石头一下子就把他打得团成一团，滚到了地上。我彻底把他打败以后，平静的气氛渐渐恢复些了。从刚刚丧失亲人的鸟儿一家躲藏的地方飞出来一只羽毛未丰的鸟儿，飞上一个腐烂的枝杈，欢快地叽喳鸣叫，毫无疑问是在庆祝这场胜利。

"古老的报应"此处暗用了《圣经》中的典故。人类是亚当夏娃的后裔，而亚当夏娃正是由于蛇的引诱才被逐出伊甸园的。

刺歌雀
Bobolink

他是一个典型的花花公子，将自己的风流种子轮流种在身边的每一个雌鸟身上。

在文学界，刺歌雀有着雷打不动的地位。诗人布莱恩曾经将桂冠授予它，欧文明艳的篇章中，他也被赋以永恒的人性魅力。他是鸟儿之中唯一的歌唱家，我相信这是嘲鸫（mockingbird）难以效法与企及的。自信满满，活泼快乐，嬉戏欢闹，还有娱乐精神，这些都是刺歌雀的标签。刺歌雀歌声中的每一个音符，全都传递着自信与欢欣。与我了解的其他鸟类不同，他是一个典型的花花公子，将自己的风流种子轮流种在身边的每一个雌鸟身上。即使在交配的季节过后，所有的鸟儿完成了配对的时候，他依然如此。如果一只雌鸟狂热地将他诱骗过去，他会不费吹灰之力将局势逆转，同时爆发出一阵歌声，如同既满足又高兴的笑声，好像在说："哈！哈！哈！我一定会很享受的，银顶针小姐（Miss Silverthimble），银顶针，银顶针，看啊，我的心都碎在了草地上，看呐，看呐！"

繁殖期将近的时候，刺歌雀就会一反常态，他的形态、颜色、飞行方式与之前的都会发生变化，羽毛从带有斑点或斑纹的棕色变为黑色和白色，在一些鸟儿的聚集地，他们被戏谑为"臭鼬鸟"（skunk bird）。原本小巧紧致的外形变得宽阔，轮廓日益清晰，以前日常的飞翔姿态染上了一种矫饰、做作之感，看起来像是只用了翅膀的尖端扇动。在这一时期，他们与伴侣形成了鲜明的对比，不仅仅体现在羽毛的颜色上，就连处事风格也相去甚远。雌鸟的性格趋向内敛和羞涩，颇有隐居的情怀；而雄鸟却喜欢事事冲在前面，总是呈现出一种欢乐喧闹的画面感。确实，雌鸟表面上略带忧伤，稍显严肃，常置身于欢乐活泼的气氛之外，当雄鸟靠近的时候，她就会匆匆跑开，看起来对任何示爱的言行都不屑一顾。让我感到惊奇的是，雄鸟扇动着炫目的翅膀，发出悦耳的声音不断地向这冷漠的生物示着好，但雌鸟确实像表面上看上去的那样，冷冰冰的，无动于衷。

据我所知，其他鸣鸟没有像他这样在歌声中传达自我和虚荣的，他几乎可以说是整个鸟类大家庭中的公子哥，玫胸白斑翅雀（redbird）、黄莺（yellowbird）、靛彩鸦（indigo-bird）、拟鹂（oriole）、主红雀（cardinal grosbeak）等鸟类都身披光鲜亮丽的羽毛，有着天籁般的歌喉，却都不及刺歌雀这般自负，不会用像他一样，用音调来试图引起旁观者的仰慕。

如果我是一只鸟，在筑巢的时候，我可能会效仿刺歌雀的方式。刺歌雀把鸟巢放在牧场的中心位置，那里一眼望去，每一个区域都与周边无异，不会有花朵或嫩茎被当做标记。以我判断，刺歌雀逃避过的其他的危险鸟类很少或根本没有经历到。他能预测出到割草机的开始工作的最早日子是七月份，如果在那之前割草机还没有开工的话，或者臭鼬不会非常"幸运"地嗅到他的存在的话，他就会像其他鸟儿一样安全，同时又能敞开大门乐享大自然。他在雏菊、梯牧草（timothy也叫猫尾草）和三叶草交错生长的地方中间选择了一个最单调、最不醒目，与周围浑然一体的位置，把搭建的简单的鸟巢放在里面，隐藏在花花草草之下。这样，刺歌雀安了家。在这片草地上，没有别的太稳妥的隐匿方式，只有藏于高大物体的下面，藏于密集物体内部之稀疏处的隐藏方式，譬如卵石埋于沙漠之中。也许你走过的路线恰好经过鸟巢，与他不期而遇，当你快速向那安静的棕色小鸟望去

的时候，她却快步蹿出去。倘若你再走三步去追寻她的踪迹，通常会迷失方向，无果而终。有一天我和朋友在不经意间发现了一个鸟巢，可是只隔了一分钟，就再也找不到它了。我又走了几码的距离去追踪鸟妈妈，嘱咐我的朋友站在原地别动，以免找不到原来的路径，可是等我回来以后，他说他动了两步（实际上有四步），我们就这样把鸟巢弄丢了，在接下来的半个多小时里，我们就趴在那一片雏菊和毛茛植物之上寻找。我们渐渐地觉得越来越绝望，我们已经快用手把土地翻了个底朝天了，却还是没看到鸟巢的一丝痕迹。我用一节灌木做了个标记，第二天又过来搜索，以灌木为中心慢慢向四周扩大搜索范围，一点点挪动脚步寻找。印象之中，目力所及之处，脚下的每一寸土地都一一查看了，最后实在没了耐心，便放弃了。我都怀疑鸟爸爸鸟妈妈自己能不能找到自己的巢穴，于是藏匿起来，暗中观察。过了很久，鸟爸爸才飞回来，嘴里衔着食物，在看到下面没有危险与障碍后，便将食物放心地丢了下去，落点正是我刚刚走过、搜索过的区域。我的目光落在了一支草地百合上，它在一片草地中显得尤为特别，我径直走了过去，弯下腰，盯着它附近的区域认真地凝视了很长时间，最终从千篇一律的周边环境中分辨出了鸟巢和幼鸟。这一次也差点儿在搜索的时候把他们从脚下错过，但是之前他们从我眼皮下面溜走过多少次，我却不得而知了。可能，以前他就在我眼前，只是太难分辨罢了。在昏暗的光线和黄棕色的干草的掩映下，加上草根部的残须与羽翼未丰的小家伙的颜色天衣无缝地贴合，在这样的环境下，它们几乎就是隐形的。不仅如此，幼鸟们还紧紧地相互贴在一起，形成紧凑的一团，尽管小鸟有五只，但呈现出来的却只有一个整体的形状，无法清晰地分辨出单独的头部和身子。他们是一个整体，而且没有颜色或形态上的差异，倘若没有经过极其精细的观察，是无法把他们其中的任何一个找出来的。这个刺歌雀的鸟巢是繁荣的，毫无疑间，大多数的刺歌雀的鸟巢也是如此，尽管在秋季迁徙的时候，刺歌雀会遭到南方户外活动者的大肆猎捕，但他们的生活依旧泰然自若，他们的歌声依旧在我们北方的牧场上回荡不已。

刺歌雀

雏菊，三叶草，金凤花，
小糠草，车轴草，绣线菊。
乘着喜悦的翅膀，翱翔，
降落进这一片繁华。

阳光，笑语，疯狂的渴望，
五月天，七月天，明澈的苍穹。
爱情的滋养，使之疯狂，
那幸福的鸟儿边飞边唱。

牧场，果园，压弯的枝桠，
灯芯草，百合，翻涌的麦浪。
歌声与笑语是他一天的理想，
一首精彩的回旋诗在回荡。

娇嫩的粉，纯净的白，灿烂的黄，
露珠，雨滴，树影的清凉；
声音中泛起沫花，天空中盘亘旋转的身影，
欢乐如往日旧时光。

棕林鸫
Wood Thrush

　　棕林鸫是鸫类家族中最帅气的成员，那优美典雅的举止令人望尘
莫及。这种高贵文雅的风度，独有的安逸沉着之感，从他一举一动中
散发出来。一言一行都颇有诗人的风骨，举止令人赏心悦目，就连最
平常的举动，如抓甲虫，或从泥里捉虫子，他都能表现出超群的智慧
与出众的才华来。他是不是古代的王子转世，将曾经王室的那份优雅
与风采保留至今世呢？他身上的比例都那么协调，那么完美！鸟儿的
背部是明亮的黄褐色，胸部洁净的纯白中掺杂了些别致的心状斑点，
颜色搭配得朴素而高贵。与之相较，旅鸫（robin）显得吵闹而轻浮，
飞上枝头发出的生气的叫声和挥动翅膀调情的动作，给人的感觉是缺
乏教养。而嘲鸫（thrasher）或红鸫（red thrush）在飞翔时那么的鬼鬼
祟祟，像个在逃的嫌疑犯，永远隐藏在茂密的桤木林中。至于灰嘲鸫
（catbird），给人以卖弄风骚、好管闲事之感。棕胁唧鹀（chewink）
则以一副冷冰冰的姿态审视着你的一举一动，看起来像个探员。而
上述所有这些不良的品行，棕林鸫都没有。倘若我面对他的时候表现
得安安静静的，没有那么好奇，他就会不露声色地对待我，以一种高
贵的矜持方式回避我。又像是要对我表示出尊重一样，要与我结识似
的，优雅地向我跳过来。我曾经过他鸟巢的下方，上面就是他的伴
侣和鸟巢，在距离鸟巢只有几英尺的地方驻足。栖息在不远处枝头上

的他立刻换上了一种犀利的眼神，但依然还是抿着嘴巴没有做声。当我抬起手臂伸向他毫无防备的鸟巢时，他被激怒了，那英气逼人的脸上顿时写满了愤怒。

棕林鸫是多么高贵和自尊啊！十月下旬的一天，他的同伴与伴侣已经迁向南方多日，我在鸟巢旁边繁茂的林中连续观察了他几日，他一直是自己静悄悄地飞来飞去，神情庄重，默默无声，好像在为违反了准则做苦行和忏悔似的。我蹑手蹑脚地、间接地靠近他，发现他尾巴上的羽毛还没有长全，正是由于这一困扰，森林王子无法飞回到他的王宫，只能在这秋叶与秋雨之中耐心地捱时间。

棕林鸫有一个令人费解的习惯，就是早早开始用残破的报纸和纸张为自己的巢穴添砖加瓦了，我想除了是在遥远的森林中，它们几乎总能用这种小块报纸来建造鸟巢。去年春天，我坐在了一棵树附近，而棕林鸫恰好要在那里筑巢。只见她衔回了一块报纸，那块报纸足有我头那么大。她把报纸放在枝头上，在报纸上面停留了一会儿，又飞落到地上。突然吹来一阵轻风，把报纸从枝头带了起来。棕林鸫看着报纸在空中飘飘荡荡，然后落到地上，一跃而起把报纸抓了起来，放回了原位。纸片归位之后，她又在纸上稍作了停留，然后拍拍翅膀飞了下来。报纸又一次从树枝上飘了下来，慢慢地落向地面，鸟儿又一次出马将它抓起，依我看，是在空中怒气冲冲地抖了抖，兜了两三圈，最后才不辞劳苦地带着它回到枝头上。看起来，她像是突然发现了一个更加安全的位置，把报纸放到了那里。这次她在报纸上停留了一会才飞走，脑子中一定在想着去哪儿找个什么将它压住。倔强的报纸没过几秒又跟着她落了下来，她再次抓住，用的力气比之前更大。她带着报纸向鸟巢飞去，但是纸片却阻碍了她的飞行，迫不得已，鸟带着报纸又落了下来。她按捺着自己的火气，将报纸翻过来，改用嘴叼着，变换了几次姿势，直到满意为止，这才带着纸片飞回树枝上，但是，还是无法固定。那之后，在我被叫走之前，她又尝试了六次。我想她最后一定放弃了那张不安分的纸片，可能是这块纸上有"微风"这个词吧。这一季节的后期，我回过她筑的鸟巢一次，查看了一下，并没有看到纸片。

鸟儿的生活完完全全以鸟巢、以家为生活的重心，那是怎样的情愫啊！棕林鸫就是这样，他们的生活与快乐似乎随着家庭的日益繁荣而日益增多。雄性棕林鸫成了旋律的喷泉，幸福的歌儿天天从口中飘出，幸福感与日俱增。雄鸟很少会得意洋洋地在巢穴的附近地区，让附近的邻居都能听到他歌声中的骄傲与快乐，他的表现是多么温婉、多么有教养啊！但如果灾难降至他视如珍宝的巢，他就会变得格外沉默！去年夏天，一对棕林鸫在我家中的几条长杆子上筑巢，当建造接近尾声时，一对棕林鸫夫妇入住了。他们一共有四颗蓝色的蛋，鸟妈妈孵蛋，鸟爸爸引吭高歌。他的旋律是多么丰富多彩啊！他绝对不会在鸟巢附近游荡，一直保持一定的距离，让鸟巢里的鸟妈妈可以听得到。每日的清晨，五六点钟的时候，他都会在掩映着我家屋檐的槐树树冠上准时开唱，一个半小时里，悦耳的声音不绝于耳。我每天期盼着这如期而至的歌声，就好像期待美味的早点一般。直到一天早晨，我总觉得少了点什么，缺什么呢？哦，棕林鸫今天没有唱歌。出问题了，我突然想起昨天在离巢不远的树林处看到了一只红松鼠（red squirrel），我推测可能它去骚扰鸟窝了。我赶到鸟窝，发现担心的事情还是发生了——鸟蛋全都不见了。想必棕林鸫的快乐心情也早已跌落谷底。这一周，再也没有听到过鸟的歌声，树冠里没有，哪里都没有。快一个星期过去了，我听到在小坡下面，雄鸟的歌声再次传了出来，原来这对棕林鸫在那里又安了新家，现在小心翼翼地又露了头，显而易见，之前的痛苦遭遇还压在心头，尚未退去。

可以说，没有什么筑巢的鸟类比棕林鸫更煎熬，因为他们受到乌鸦、松鼠和其他一些敌人的骚扰更多。与其他筑巢的鸟类相比，它们喜欢把鸟巢建造的"毫无遮拦"，没有猜忌之心，就跟他们的个性一样。距离地面大概八到十英尺的树苗的枝桠是他们选址时的第一选择，可是，这里同样也使他们成为了潜行在树林中的敌人的首选猎物。与灰嘲鸫、褐弯嘴嘲鸫（brown thrasher）、黄胸巨莺（chat）、棕胁唧鹀（chewink）那样的鸟类不一样的是，画眉鸟不会偷偷摸摸地潜行，巢穴也不像它们那样隐蔽。我们的棕林鸫都是内心坦荡荡，行为坦荡荡的鸟儿。但是另一种棕林鸫棕色夜鸫（veery）和隐夜鸫（hermit）在地上筑巢，它们至少要躲避来自乌鸦、猫头鹰（owl）、松鸦（jay）的伤害，不容易被远眺的红松鼠和鼬（weasel）发现。至于旅鸫，他们一直试图寻找着主屋或者副屋的庇佑。多年过去了，我未曾发现过一例棕林鸫成功建造的巢穴。在那个季节，我观察了两对鸟儿，显而易见，他们都尝试了两次，然而随着时间的推移，均以失败而告终。其中一对是在苹果树上建的巢穴，树的附近有一个住宅，巢穴建在离路中间上方大约只有十英尺的地方，下面的高度只能通过一担干草。鸟巢的地基是用一大块报纸做的，非常醒目，而报纸很多时候并不是安全的理想材料，而且还十分醒目。也许报纸的内容可以捍卫人的权力，但这份报纸却无法保卫这个鸟巢的安全，使其避免受到伤害。鸟巢中有鸟蛋和雏鸟，却找不到刚刚会飞的幼鸟的影子，蓄意的谋杀行动已经在公路上方酝酿，只不过要选择的时间是在青天白日还是夜幕的掩盖下就是，而对此，我就不得而知了。好事的红松鼠无疑是罪魁祸首。另一个棕林鸫巢建在一颗枫树树苗中间，那里不远处就是我们提到过的那个乡村别墅。我感觉他们在这个季节建的第一个巢穴是在山下一个更为僻静的地方，只是以失败而告终，因此，这对鸟儿逃出来在距离乡村别墅更近的地方寻找庇护。搬家后，雄鸟在这儿附近引吭高歌了数日，我才偶然之间看到了它们的巢穴。就在那天早晨，我看见一只红松鼠在几码远的一棵树上搜寻，这边的鸟巢想必已经被它洗劫一空了。他可能和我一样是被棕林鸫的歌声引过来的。我没有去看鸟巢里面的惨况，因为几乎随即就被废弃了，雌鸟之前产的一颗鸟蛋应该早已被松鼠吞噬了。

　　我一直认为鸟儿之间存在歌唱方面的竞赛，终于，一个夜晚我在门廊处坐着时找到了证据。两只棕林鸫分别在邻近的两棵枯树的树冠上筑巢，那晚它们栖于枝头，用歌声对抗，持续了半个小时，他们像在赛场一样激烈地角逐。那是我享受过的最珍贵的一场听觉盛宴。他们斗志昂扬，不知疲倦，坚持不懈地唱着，不时换一个地方，变一个方向。但两只鸟儿之间一直保持着几码远的距离。显而易见，这是一场多么有趣的歌唱竞赛啊，我目不转睛地追随着他们。晨光渐浓，他们的精神也渐渐不支。一只鸟儿再也承受不了比赛的紧张情绪了，率先打破这场公平竞争的限制，似乎在说："我说什么也要让你闭嘴。"同时，气势汹汹地向对手俯冲过去，在激烈的一追一赶之中，他们在树下灌木丛中逐渐淡出了我的视线。

橙腹拟鹂的巢这是我们
认为的唯一完美的悬垂
式鸟巢。

橙腹拟鹂
Baltimore Oriole

　　"鸟巢中的鸟巢""最佳完美鸟巢奖"无疑要颁发给橙腹拟鹂。这是我们认为的唯一完美的悬垂式鸟巢。当然，圃拟鹂（orchard oriole）的鸟巢也大体差不多，但相比橙腹拟鹂而言，圃拟鹂所建的巢穴的位置相对来说更低、更浅，筑巢方式与莺雀（vireo）更为类似。

　　橙腹拟鹂在最高的榆树中选址，将巢安放于倾斜的枝干上。它们不刻意考虑隐蔽性，只在意位置够不够高，枝干够不够垂悬。看起来，建造这样的结构会比其他样式的鸟巢花费更多的时间与技术。鸟儿几乎一直苦于寻找一种麻布纤维样的材料，也似乎从未空手而归过。建造的工程竣工了，一个大大的葫芦样的鸟巢悬在空中。鸟巢壁薄却坚固，能够抵抗住倾盆大雨的侵袭。鸟巢的入口处用细绳和马毛缝好边，侧边也用了同样的材料，一针一针地缝合起来。

　　正如黄鹂鸟不会特意隐蔽藏身一样，他们对鸟巢材料的要求也没有那么刻意，只是一些自然的细线、细绳就可以。一位女性朋友告诉过我，她在敞开着的窗前做女工的时候，有一次转过身去，一只黄鹂鸟儿靠近她身边，扯起一根细线或者纱线，得手后飞回正在建造的鸟巢。但偷来的这根纱线却跟树枝纠缠在一起了，鸟儿试图解开，却弄巧成拙打成了死结。她整整一天都在跟这个死结纠缠不休，但最终也

偷线的黄鹂。

没带走，只是解下来了几小段，就这么不了了之了。此后，那飘舞的细线之后就成了她的眼中钉肉中刺，她一次又一次从那里经过时，总要一次又一次地狠狠地拽一下，好像在说："讨厌的纱线，看你给我带来了多大的麻烦！"

有一天，我在肯塔基州（Kentucky）发现了一只黄鹂鸟，它正在给鸟巢里编织一种特殊的材料。我们坐在小屋前的那片草地上，注意到她的筑巢工作才刚刚开始。在距离我们几英尺远的一棵肯塔基咖啡树上，鸟巢在较低的枝干上长长地垂下来。我问房子的主人，他愿意不愿意把鲜艳的纱线拿出来，散到灌木丛、栅栏、过道之类的地方，这样，鸟儿就可能把它们编进鸟巢中去，这样的鸟巢一定很新奇。我听说过有人这么做过，我自己却没有尝试过。女主人很快行动起来。这一设想很快得以实施。一时间一把轻飘飘的丝线在地上分散开来，有深红色的、橘黄色的、绿色的、黄色的、还有蓝色的。我们坐下来吃晚饭，不一会儿，我就看到一只鸟儿衔着一根长长的丝线急匆匆地往鸟巢里赶，漂亮的丝线在身后飘荡。那些丝线当时就引起了她的注意，立刻辛勤工作起来，把它们编织进自己的巢穴。鸟儿并未因丝线明艳的颜色感到别扭，她首先用了一根深红色的丝线，让丝线掩映在绿色的叶子中间。接下来，这一整个的下午以及第二日上午，她给我们带来了极大的视觉享受。看起来，她一直在庆贺自己找到了如此特别的彩色丝线呢！黄鹂精力充沛地在枝头上窜来窜去，把丝线系在枝干上，在丝线末端打一个结，然后来来回回地缝入自己的巢穴之中，那使劲儿拉丝线的样子活像是在家里做着繁重家务的家庭妇女！当其他鸟入侵她的领地的时候，她会表现得相当野蛮，那是住在围栏另一边几码远的邻居，也是一只黄鹂鸟，它过来的时候她会猛扑过去哩！雄性黄鹂并没有过去帮忙，而是赞许地在一旁观看。在这样的情况下，雌性黄鹂有着自己的处理方法，果断而坚决，整个过程雄性黄鹂鸟都不会干预甚至都不用给出建议。这是雌性鸟儿的事情，她显然知道该怎么做，所以雄鸟儿远远地站着，充当着一个满意的观察者的角色。

对于肯塔基州的气候来说，毛线是不适合用来筑巢的。对于这一点，鸟儿也有领悟到了，她只把毛线用到巢穴的顶端，用来把鸟巢固定到枝干上或是把边部装好压好，再用大麻草作为鸟巢的四壁和底部，这样一来，她的鸟巢比跟我们住在一起的其他的鸟巢更为轻薄透气。没有另外哪个鸟儿会用到这么优良的材料。橙腹拟鹂的本性是趋于隐匿的，这一属性也许会与这鲜艳的材料相冲突，但是相比躲藏起来，橙腹拟鹂更喜欢把鸟巢建在难以接近的位置，依赖它的位置和鸟巢深度来保证安全。

三声夜鹰走起路来和燕子一样，笨拙得
很，就像袋子里的一个人。
夜晚和孤寂笼罩的范围是那么的宽广，
三声夜鹰的鸣叫可以承受这一切。

三声夜鹰
Whip-Poor-Will

　　五月的一天，我独自在林中穿行，来到了三声夜鹰的鸟巢或者更确切地说是鸟蛋的附近，因为所谓的鸟巢只是一些干枯的叶子，叶子之上放着两颗带有白色半斑点的蛋。在鸟妈妈飞走之前，我与鸟妈妈所在的位置不足一码。我想知道怎样用犀利的眼光观测鸟儿奇怪的或者有特性的习性，所以我经常去它的鸟巢附近一探究竟。要把这种鸟从周围环境中找出来是有一定难度的，尽管我只站在离她只有几英尺远的地方，还是不知道该看哪里。目光在扫过枯枝、树叶和一些黑色或深棕色的木棍儿时，一定要多观察一会儿不要受到蒙蔽，因为那些很有可能正是鸟儿翅膀的伪装。然后你就会发现，她距离你是那么的近，伪装成腐烂的木头和树棍，如此惟妙惟肖，让人无迹可寻！第二次去的时候，我叫上了我的同伴，把鸟儿所在位置指给他看，可是还是没发现，对于他来说，在一片枯树叶的掩盖下要辨别出鸟儿的伪装太困难了。受到惊扰鸟儿会飞回鸟巢附近，落在离鸟蛋只有几英寸的地方，停留片刻，之后摇摇晃晃地走向鸟蛋，样子显得笨笨的。

　　雏鸟破壳而出以后，鸟妈妈开始调动起所有的聪明才智来保护雏鸟。那天我想正好亲历了这一切。当我与鸟妈妈只有一步之隔的时候，她突然跳了出来，拍动的翅膀扇起了翅膀上的枯叶。随着叶子的

飘动，雏鸟也跟着动了起来。它们有着相同的颜色，把雏鸟和枯叶区分开来，对于我的眼力来说是一个巨大的挑战。第二天，我又来了。鸟妈妈对我故伎重施，当一片叶子落下的时候，几乎将一只雏鸟全部盖住。随后，它们便跑向妈妈，跟随在妈妈左右。小雏鸟全身都被带有红色的绒毛覆盖，样子活像鹧鸪（partridge）的幼鸟。当小家伙们被发现的时候，会一跃而起，再落下，呆呆地闭上眼睛，彻底地一动不动了。这时候，鸟妈妈会疯狂地设法把我从她的孩子身边引走。她会飞出去几步远，再以胸部着地，开始佯装抽搐，大张着的翅膀抖动着，再传递到身体，给人一种快要死亡的假象。但是她会用犀利的眼神观察你，以验证自己的计谋是否成功。如果没有成功，她就会恢复正常，飞到其他地方，试图再次吸引你的注意力。接下来她会用一种突如其来的奇特方式降落在地面上。等到第二天第三天的时候，鸟妈妈和幼鸟都已消失得无影无踪了。

三声夜鹰走起路来和燕子一样，笨拙得很，就像袋子里的一个人。然而，她成功地领着她的孩子在森林里往来穿梭，我想，森林中，她们跳跃腾挪、突然冲刺的技能和树叶天然的保护色，都是最有效的生存之道。

影子越来越暗淡，星星已经隐约可见，三声夜鹰的突然开唱了。宁静和谐的氛围被三声夜鹰粗野的声音划破啦！那是没有音乐的鸣叫：急促、反反复复，声音洪亮又极富穿透力，然而，这种声音还是很悦耳的。夜晚和孤寂笼罩的范围是那么的宽广，三声夜鹰的鸣叫可以承受这一切。一个小时过去了，夜幕完全笼罩了大地，鸟儿飞了过来，落在我的窗前或门前的台阶上唱起了小夜曲，一股股暖流涌上我的心房。这是一个爱的呼唤，浓浓的爱的狂热与执著蕴含其中。雌鸟对他做出了回应以后，雄鸟飞过来在周围盘旋，两只鸟儿的歌声此起彼伏，仿佛在用歌声爱抚对方，这样的旋律让人心旷

三声夜鹰会
伴死护雏。

神怡。我住进乡村小屋的第一个夏天，每天晚上，一只鸟儿喜欢站在我门前的岩石上引吭高歌。在黎明破晓的一瞬间，他会率先打破沉默，开始演唱。慢慢地，其他的鸟儿也加入进来，孤寂的清晨被鸟儿们的音乐填满。过了十点，就很难听到鸟鸣了。次日清晨，音乐会的序幕会再次被他们拉开，一直用歌声折磨着可怜的威尔，直到有鸟儿同情他才会罢休。四月的一个早晨，大约三四点的时候，我听到了一只鸟儿在我的窗前鸣叫，我便开始计数叫的次数。一个邻居之前曾经告诉过我，他听到一只鸟儿一口气叫了至少两百声，中间不曾停歇，这在我看来好像是在讲述一个长长的故事。但是我见识过这只鸟讲述的一个更长的故事。那一天，这只鸟儿竟然落在了威尔的背上，叫了1088声，期间，可以察觉到的停顿少之又少，即使停顿下来，给人的感觉不过是在换气罢了。接着，他停了下来，但是半分钟以后，故事的讲述又开始了，这次唱了390声，然后顿了顿，飞到远一些的地方，继续把没有讲完的故事讲完，直到我沉沉入睡。

白天，三声夜鹰落在地上一动不动。有几次，我在林间穿行，就要踩到他时他才懒懒地起飞。夜鹰这样的表现让人联想起了蝙蝠：翅膀不会发出噪音，挥动的时候毫无规律可循，飞起来以后很快又降落回地面。七月的一天，我们发现了一只鸟妈妈和她的两个孩子，心情激动万分，但是，这次鸟妈妈没有表现出一丝一毫的犹豫不决和拖泥带水。幼鸟的羽毛已经快长完全了，看到我们以后，他们惊慌失措地跑掉了，在几码远的地方蜷缩下来，身边相同颜色的环境已经将他们几乎完全隐藏住了。心急如焚的鸟妈妈使出浑身解数来吸引我们的注意力，竭尽全力要把我们从她的孩子身边引开。她在我们眼前一遍又一遍地掠过，尔后又张大翅膀和尾翼摔到地面上，在地上装出一副身受重伤的样子，就这样装模作样了一会以后，飞到一个老旧的树桩上或低低的枝头上，耷拉着颤抖的翅膀看着我们，一举一动仿佛都在乞求我们把她带走放过她的孩子。我的同伴随身携带了相机，但因为鸟从未老老实实地待在一个地方，频繁地换地方，所以为鸟儿拍照的愿望一直没有达成。

黑喉蓝林莺
Black-Throated Blue Warbler

这种小鸟的疑心很重，他可以嘴里叼着食物，和你对视一个小时，直到你走了，他才回巢。

　　我和一两个同伴满怀希望去寻找黑喉蓝林莺的巢穴——那是一种很少见的鸟巢。再加上一两种其他的鸟巢，我们想借此完成我们对鸣鸟的历史探索。森林是那样广阔，到处都是颜色深暗相互纠缠的藤萝。在这样的条件下，寻找任何特别的鸟巢都像是大海捞针一样让人绝望。从哪里开始找起，又怎么去寻找呢？其实所采取的原则与寻找鸡窝相同——先找到鸟儿，然后观察他的动向即可。

　　黑喉蓝林莺就生活在这些森林里，我多次在树林中看到过，但我不知道他会把巢筑在哪里，是高的地方还是在矮的地方？是在地上还是在树上呢？听啊，那是他的叫声，"叽，叽，叽"。这夏日里的独特的声音，带着柔情与悲伤，从低处的树枝传来。没过多久，我们——有一个同伴和我一起——就发现了一只蓝莺，他正在一棵倒下不久的铁杉树树冠上捉虫子。他那黑色、白色和蓝色相间的外衣一闪而过。与其他鸟儿相比，黑喉蓝林莺的动作要缓慢许多。我们想从他那里知道的是，他能否告诉我们他的鸟巢所在的位置，他的伴侣正在哪里孵蛋。但他却丝毫没有这么做的打算，只见他一会儿飞到这里，一会儿飞到哪里，一会儿高飞，一会儿低飞。我们跟着他跑来跑去，跑动跑西，常常跟丢，也常常凭借着他的叫声再次发现他，但是，我们要怎样才能找到关于他鸟巢的线索呢？难道他就不回鸟巢看看情况，回

去看看鸟巢里需不需要他，给伴侣带一大口的食物吗？毫无疑问，他一定是在自己听力所及的范围内飞行，一旦雌鸟在遇到危急或者发出警报的时候，他就会闻风而动，立刻飞回去。会不会是遭遇什么厄运，雌鸟开始鸣叫起来呢？没过多久，他就与敌人狭路相逢了，他发现自己的领地被敌人侵犯了。两只鸟儿都虎视眈眈，把对方当成了威胁。这倒是个不错的信号，因为这证明了他们的鸟巢就在附近。

　　他们打斗的叫声很低，是一种特殊的叽喳声。这叫声中没有争强斗狠，而是一种对对方的嘲弄和对自己自信的声音。他们很快就打了起来，但这是一场美妙的战斗。这场战斗倒更像是满足他们的荣誉感而不是伤害对方。因为在打斗中，没有任何一方占据优势。他们分开，相隔几步远，叫着，以一种极其欢乐的思维框架挑战着对方。如此这般，一轮攻击停歇以后，立刻就有一方再次挑起战斗。在十五到二十分钟时间里，他们统共交锋了三四次，期间只间隔了一小会儿，然后就像两只公鸡一样重新开始争斗，直到最后两只鸟都飞出了对方的听觉范围，双方——毋庸置疑——均宣布胜利。但是鸟巢的地点仍然还是一个未解之谜。有一次我以为我发现了，我依稀看到了一只雌鸟一闪而过，而在距离我们很近的一棵铁杉树上，在距离地面八英尺的地方，我发现了一个鸟巢。可是当我走到树下一看，我透过树洞看到了阳光，原来树洞是空的——显然这只是一个未竟之作，里面还没有填满材料呢。此时此刻，假如有鸟飞回来，宣称这个鸟巢的所有权，那我们的目的就达到了。可是我们左等右看啊，却没有结果。筑巢工作今天中断了，我们要么改天再来，要么就继续我们的搜索活动。

　　两只雄鸟的巢都没有找到，这让我们大失所望。我们继续穿过树林去别处碰碰运气。没过多久，当我们从山上下来，走到一片稠密的湿地树林时，我们发现了一对我们正在寻找的鸟儿。我们停下来的时候，两只嘴里叼着食物的鸟儿十分警觉，这表明鸟巢就在附近。这就足够了，无论如何我们也要停在这里找到他们的巢。为了万无一失地达到这个目的，我们决定观察这对鸟儿，直到他们把秘密告诉我们为止。我们顽强地蹲伏着，看着他们，他们也看着我们。真是棋逢对手啦。可是，我们保持一个姿势，感到不舒服，于是希望，我们如果能够保持安静，这样两只鸟儿观察一会儿后，感觉得我们两个是无害的木桩或者倒了的圆木就好了。蚊子搅乱了我们原有的安宁，他们一眼就分辨出我们出是树桩和圆木中的赝品。两只鸟儿没有一只上当的，虽然我们运用印第安人的策略，用绿色的树枝伪装起来。啊，这是疑心多么重的生物呀，他们是怎么做到嘴里叼着食物看着我们的？整整一个小时都没有回巢，正常情况下他们在此期间回巢的频率，应该是一会儿一趟！他们偶尔也会飞得离我们很近，目光如炬地看着我们。然后他们便会离我们而去，似乎是想试着忘记我们的存在。他们这么做，是为了欺骗我们呢，还是在劝自己和伴侣，其实事态并不严重，没有什么可紧张的。鸟爸爸不时地引吭高歌，在林间飞上一段距离。但是鸟妈妈却目不转睛地盯着我们。食物已经叼了这么长时间，所以两只鸟都自己吞了下去。当他们找了新的食物，显而易见，距离接近鸟巢已经很近了，却出于谨慎小心，又把食物吞了下去，匆匆而去。我想幼鸟会叫出声来，他们却一声没吭。毫无疑问，这就是为什么鸟父母不接近鸟巢的原因了。鸟爸爸、鸟妈妈带着食物接近鸟巢，一定会引起幼鸟的喧闹，那样一切就会暴露了。

　　过了一会儿，我确信鸟巢就隐藏在距我们几英尺的范围内。没错，我确定就是那棵灌木。接下来，两只鸟又聚到了一起，极其神秘地飞到了另一棵灌木下，让我们大惑不解。看到一下午的时间就这样过去了，谜底也没有揭开，我们决定改换策略，开始彻底地搜查鸟巢的位置。这一举动使得情况产生了危机：在距离我们藏身处几码的

地方，同伴借助一截小树桩向一棵铁杉树攀爬的时候，伴随着一声惊慌失措的惨叫，铁杉里的幼鸟跳了出来，在树叶拍打着翅膀，又蹦又跳，惊慌地四散奔逃，消失在不同的方向。与此同时，鸟爸爸和鸟妈妈也听到了这惊慌失措的惨叫声，立刻冲到了现场，他们的悲痛让人觉得可怜。鸟爸爸和鸟妈妈直直冲到我们脚下，在地上拍打着翅膀，尖叫着，在我们前面导引着我们，试图把我们从鸟巢的地方引开，或把我们的注意力从那些无助的小家伙身上引开。我不会忘记雄鸟看上去是多么聪明地引诱我们，他那五彩斑斓的身体在干枯的树叶上拖曳着，形成了鲜明的对照。显而易见，他已经瘫痪了，好像是在动用全身的肌肉要飞走，却飞不起来。他瘫软下来，来到我们面前，扇动着翅膀，动作是那么的无助，仅仅挪动了两码，看起来只要你往前走一步就能抓住他。可是，就在你就要抓住他的时候，他好像是恢复了一些，飞得更远了一点。就这样，如果你在他的诱惑下一直跟着他的话，你就很快会发现，你已经一点点远离了鸟巢，鸟妈妈和幼鸟都远离了你的威胁。雌鸟也十分热切地，做着和雄鸟一样的动作，采取同样的策略诱骗着我们，但她黯淡的翅膀使得她不那么引人注目。雄鸟就像穿着节日的盛装，而雌鸟就像穿着日常的工作服。

鸟巢筑在一棵小铁杉树的分枝上，距离地面十五英寸。那是很厚很结实的结构，由厚厚的、结实耐用的木材搭建而成。里面填装着柔软的树根和细根。鸟巢里有四只幼鸟和一颗腐烂的鸟蛋。

白尾鹞
Marsh Hawk

对白尾鹞巢、幼鹰和鹌鹑
鸟巢的一次探访

他就是长着翅膀
的猫。

　　我想，大部分的乡下男孩都知道白尾鹞吧。你能看到他贴着灌木和湿地低空飞行，或是从围栏上掠过，精神集中在脚下的地面。他就是长着翅膀的猫。他飞得是那么低，直到他靠得很近的时候，鸟儿和老鼠才能发现他。苍鹰（hen-hawk）从高空或枯死的树顶向田鼠猛冲，而白尾鹞则是从围栏或低矮灌木丛或草丛突然飞向田鼠。白尾鹞体形大小和苍鹰差不多，但是有着更长的尾羽。我小的时候曾经管他叫"长尾鹰"（long-tailed hawk）。雄性白尾鹞是蓝色的，雌性是红棕色的。像苍鹰一样，也长着白色的尾羽。

　　与其他鹰不同的是，白尾鹞把巢筑在地势低而土层厚的湿地上。几年以前，有一对白尾鹞在距离我家几英里的灌木湿地里筑了巢，这个地方离我的一个农民朋友的家很近。我的这位农民朋友对野生动物有着敏锐的观察力，两年前他发现了这个鹰巢。而当我在一周后去看时，鹰巢已被洗劫一空，可能是邻居家的孩子们干的。在刚刚过去的春季的四五月份，他观察一只雌鹰，发现了一个鹰巢。鹰巢在一片几亩大的湿地中，位于山谷的底部，那里长满了又厚又硬又多刺的白腊树（ash）、菝葜（smilax）和一些矮而多刺的灌木。朋友把我带到一座矮山的边缘，指给我看下面的那片湿地，尽量靠近鸟巢，告诉我鸟巢所在的位置。而后，我们穿过牧场，进入湿地，小心翼翼地朝着鹰巢前进。那些带刺的野生植物长得齐腰高，需要要小心应付才行。当我们接近鹰巢的时候，我目不转睛地去寻找，但也没有发现白尾鹞的踪迹。直到她飞上天空，我才发现她就在距离我们不到十码的地方。她惊叫着一飞冲天，却很快开始在我们上空盘旋不去。原来，在那里，在粗糙的麻子枝和杂草搭建的鸟巢里，有五颗雪白的鸟蛋，每一颗都有一个半鸡蛋那么大。朋友说雄鹰应该很快会出现，与雌鹰会合，可是他却一直没有出现。雌鹰一直向东飞去，很快消失在我们的视线里。

我们随即退了出来，隐藏在石墙的后面，希望能看到鹰妈妈飞回来。她在远处出现了，似乎感觉有人在观察她，接着又飞走了。

大约十天以后，我们决定再次探访白尾鹞巢。一个年轻的、爱冒险的芝加哥女士也想看一看鹰巢，便与我们同行。这一次我们发现三颗蛋已经孵化出来了，当鹰妈妈飞起来的时候，不知是无心还是有意，她把两只幼鹰甩出去好几英尺远。她飞了起来，怒气冲冲地尖叫着，接着便转向我们，像箭一样径直向着年轻女士猛冲过去。可能是女士帽子上的一根鲜亮的羽毛惹火了她。女士急忙整理她的裙子，急急忙忙地连连后退。鹰可没有她原来想象的那么可爱。一只大鹰从高空中飞向自己脸部，想着就让人有些紧张。雌鹰向你俯冲下来的时候，让人心惊胆战，还不算它还准确地瞄准你的眼睛呐。当与你距离三十英尺以内时，她又重新飞起来，发出冲刺的声音，飞得比之前更高，然后再次冲向你。她就像一只空的弹药筒，但通常带有有强烈欲望，效果显著，要将敌人赶走。

在我们观察完了幼鹰以后，朋友的邻居邀我们去看鹌鹑巢。任何与鸟巢有关的事都能吸引我们。鸟巢就像那种谜样的东西，我们对它兴致盎然，情有独钟。如果是在地面上筑巢，那通常会是自然界残骸和混乱中的美丽和精致所在。建在地面上的鸟巢是暴露在外的，这些

脆弱的蛋就躺在那样轻微的保护下。这又给快乐和惊喜中增添了一丝刺激。我一直希望有一天，可以走很远的路，去看看藏在残株和草丛中的会唱歌的鹀类的巢穴。那就是莲座（rosette）丛中的宝石，周围点缀着杂草。我从来没有见过鹌鹑巢，在这样鹰猎食的范围内，能看到鹌鹑巢则更是双重的惊喜。我们沿着人迹罕至、寂静无声、杂草丛生的公路行走，这已是它隐藏自己的一种方式。看到了这个小山谷，就想到了"与世隔绝"这个词，小路还唤起了和平宁静的感觉。这里的农民的田地就在我们的周围，地里一半是杂草和灌木，显然不会有噪音，不会打扰到这里宁静的一切。在乡村公路的两旁，与长满青苔的石墙相连，距离农民谷仓一掷石距离的地方，鹌鹑在那里安下了家，鸟巢就在长满刺的灌木丛边缘的下方。

"鸟巢就在哪里，"农民边说边停了下来。这里距巢大概十英尺，他用木棒把我们鸟巢的位置指给我们看。

不一会儿，我们看到了长着棕色斑点翅膀的鹌鹑，而她正在孵蛋。我们小心翼翼地接近她，最后弯下腰来俯瞰着她。

她纹丝不动。

我把手里的藤条放在她身后的灌木丛里，我们想看她的蛋，但又不想粗鲁地打扰正在孵蛋的她。

她还是没有动。

接着我把手放在离她几英寸的地方，她依然没动。难道要我们亲自把她举起来？

接下来，年轻的女士放下她的手，这可能是鹌鹑从未见过的手，又美丽又白皙。这只手终于惊动了她，她向上飞了起来，露出了一大窝蛋。我从没见过这么多的蛋，一共二十一个！像是一圈或一盘白色的瓷器茶托。你会禁不住说，多漂亮啊，多可爱啊！就像小母鸡下的鸡蛋，就好像鸟在玩孵蛋，孩子在一边玩过家家一样。

如果我知道鸟巢有这么多鸟蛋的话，我是绝对不敢打扰她的，那样她可能因为恐慌打碎几个鸟蛋的。然而却没有一颗蛋因为她的突然飞起而受到伤害，鸟巢也没有因此受到损害。后来，我听说所有的蛋都孵化出来了，一只只小鹌鹑还没有大蜜蜂大，被鸟妈妈带领着飞往远处的田地里去了。

大约一周后，我又一次去造访了白尾鹞巢，看到所有的蛋都孵化出来了。鸟妈妈在附近盘旋。我永远忘不了那些幼鹰蹲在地上那奇特的表情，那不是年轻的动物应有的表情，而是极度苍老的表情。他们有着垂垂老矣、衰弱不堪的面孔——锐利、深邃而瘦小的脸和眼睛。他们的动作是那样的软弱无力，颤颤巍巍。他们用肘部支撑着身体坐着，身体的后半部分和那苍白、萎缩的爪子无助地伸展着。他们笨拙的身体上覆盖着淡黄色的绒毛，像小鸡身上的那种绒毛，他们的头呈现出一种凹凸不平、邋遢不堪的样子。他们的翅膀长而强壮，光秃秃的没有长毛，从身体两侧垂到地上，乍一看有力而且凶猛，但是因为没有毛的缘故，显得邪恶而丑陋。另外一个奇特的现象是幼鹰的体型从第一只到第五只逐渐变小，就好像可能出现的情况那样，每隔一到两天孵化出一只。

两只大一点的白尾鹞由于我们接近，表现出了一些恐惧，其中一只白尾鹞仰面朝天躺了下来，抬起无力的腿，张开双喙虎视眈眈地盯着我们。两只小的白尾鹞对我们的到来却没有任何反应。我们在鸟巢附近的时候，鸟爸爸和鸟妈妈都没有出现过。

八到十天以后，我又来探视鸟巢。幼鹰都长大了许多，但体型很明显依然还是一个比一个小。面像仍然苍老如故——就像老人一样：鼻子和下巴挤在一起，眼睛大而凹陷。他们现在都野蛮凶狠，虎视眈眈地盯着我们，威胁地张开了双喙。

在接下来的那个星期，我的朋友去探访鸟巢的时候，最大的那只白尾鹞已经能和他凶猛地打架了。但窝里的那只白尾鹞，可能是最后孵化的那只白尾鹞却没有长大多少。他好像是快饿死了。鹰妈妈（鹰爸爸可能已经消失不见了）可能发现对于她来说这一大家子成员也太多了，所以故意想要饿死一只吧，还是体型大而又强壮的幼鹰抢食了所有的食物，所以弱小的幼鹰没吃上呢？大概是这个原因吧。

亚瑟带走了最弱小的那只白尾鹞，同一天把他给了我的小儿子，我们用毛碎片包好带回了家。显而易见，这是个饿坏了的小家伙，他微弱地叫着，可是连头都抬不起来。

我们先给他喂了点儿温热的牛奶，让他很快便复苏了，可以吞下小块的生肉了。一两天时间，我们让他贪婪地大快朵颐，生长也非常显著。他的声音也和父母一样像尖锐的哨声，只有在睡觉的时候才会安静下来。我们在书房的一角给他建起了一个一码大小的四方形围栏，地板上铺上了几层厚厚的报纸，用棕色羊毛毯碎片搭建巢穴。这只白尾鹞一天天强壮起来。这个难看得可以用任何词汇来形容的宠物，慢慢地开始变得好看一些了。他在那里用肘支撑着身体坐着，两只软弱无力的脚伸向前面，那两只光秃秃的无毛的巨大翅膀一直触到地面，尖声叫着，索要更多的食物。有一段时间，我们每天用尖笔给他喂水，但显然水不是他最需要和最想要的。生肉，大量的生肉才是他的最需要的。我们很快就发现他喜欢猎物，譬如老鼠、松鼠和小鸟，这些活食要比生肉好得多。

我的儿子随即开始在家周围捕捉各种虫子、小活物以满足小鹰的供应。他设陷阱，去打猎，向朋友征集，甚至去打劫猫咪来喂养小白尾鹞。作为男孩，他该做所有的事，都因此受到了影响。"某某某去哪儿了？""去给小鹰抓松鼠去了。"儿子经常为此耗掉半天的时间，才能抓到猎物。周围的老鼠、金花鼠和松鼠很快被一扫而空。为了满足小鹰的需要，儿子不得不去远处、更远处的农场和森林狩猎。到小鹰可以飞为止，他一共吃掉了21只金花鼠，14只红松鼠，16只老鼠，12只家麻雀，另外还有大量的生肉。

他的翅膀很快就从绒毛中凸显了出来。巨大翅膀上的大翎毛迅速地长大了。他现在的样子是多么奇形怪状，多么神秘可怕呀！不过，他那极度苍老的面容倒是在逐渐改善。他是一个多么喜欢阳光的白尾鹞啊！我们把他放在山坡的草地上，微风习习，他会展开翅膀，兴高采烈地享受着清晨的阳光。在巢里，在炽热的六七月，他一定暴露在中午最强的阳光下，似乎只有温度达到了93或95华氏度的时候才能满足他的天性需要。他同样也非常喜欢雨天。下阵雨的时候，把他放在外面，每一滴雨似乎都能让他开心快乐。

他的腿和翅膀一样，都生长缓慢，直到他能飞的前十天，他依然站不稳，爪子也软弱无力。我们给他送食物的时候，他会蹒跚地向我们走来，就像一个病情最严重的残疾人，挪动着他那下垂的翅膀，拖着腿用爪背向前走着，而后又用肘向前走，爪子依然闭合着没有用处。就像婴儿学习站立一样，他也是试验了很多次才成功的，颤抖的腿站立一会儿就又摔倒了。

有一天，在我避暑的别墅里，我第一次看见他笔直地站立着，爪子也全部舒展开了。他环顾着四周，好像世界突然改变了模样似的。

他的翅膀现在开始快速生长起来。我们每天给他喂食红松鼠，用斧子劈成小块。他开始用爪子抓住猎物，把猎物撕开。书房里到处都是他脱落的绒毛。他那深棕色的杂色翅膀变得好看起来。翅膀还有一点下垂，但是他渐渐地可以掌控翅膀，把翅膀放在合适的位置。

今天是七月二十日，小鹰已经大约五个星期大了。有一两天，他在院子里又是走又是跳。他选了挪威云杉（Norway spruce）下面的一个地方，在那里坐下，可以假寐好几个小时，或者看美景。当我们给他带来猎物的时候，他翅膀轻轻抬起，上前来迎接我们，嘴里发出尖锐的叫声。如果给他投喂一只老鼠或麻雀，他可以用一只爪子抓住，腿弯曲着从掩蔽物上一跃而过。他展开翅膀，左看看右看看，一直兴高采烈、心满意足地笑着。这次他开始练习用爪子击打了，就像印第安男孩开始练习用弓和箭一样。他去击打草地上干枯的树叶，掉落的苹果，或者其他一些假想目标，他在学习如何使用他的武器了。他似乎也察觉到肩膀上翅膀的生长。他可以垂直地举起翅膀，保持展开的姿势，让翅膀由于兴奋而颤动。每天每个小时他都这么做一次，压力也开始向中心聚集。接着他就开始玩似的击打鹰片树叶和一小片木头，同时一直保持翅膀向上举着。

下一步就是飞上天空和拍打翅膀了。他似乎现在开始全心全意地想翅膀的问题了，渴望翅膀可以派上用场。

一两天后，他便能够起跳并且飞上几英尺高了。距离河岸10到12英尺的那堆灌木丛他都可以轻而易举地到达。在这里，他可以像一只真正的鹰那样栖息，让附近的旅鸫和灰嘲鸫大惑不解，议论纷纷。在这里，他目光如炬，可以看清楚四面八方，仰首望苍穹。

现在，他是一个可爱的生物啦。他的羽毛丰满，驯服得像小猫一样。可是有一点他和小猫不同——他不能容忍别人去抚摸，甚至碰触它的翅膀。他对人的手有恐惧感，就好像你会不可避免地弄脏他似的。但是，他可以栖息在你手上，允许你带他到处走。如果出现狗或猫的话，他就会立即做好战斗的准备。有一天，他向一条小狗冲了过去，用爪子凶猛地击打着小狗。他害怕陌生人以及任何异乎寻常的东西。

七月的最后那个星期，他可以比较自如地飞翔了，他的一只翅膀也要修剪了。由于只是修剪主要部分的末端，他很快就克服了困难，把他宽而长的尾羽偏向这一边，飞得相当自在。他开始在附近的田野和葡萄园飞翔，飞得越来越远，经常乐不思蜀。每当这种情况发生，我们就会出去找他，把他接回来。

　　一个雨后的下午，他飞进了葡萄园。一小时后我去找他，却没有找到。从那以后，我们再也没有见过他。我们希望他饥饿难耐的时候能够回来，可是从那天起，我们再也没有了他的任何线索。

鹪鹩
Winter Wren

初冬，特拉华州的老铁杉（hemlock）树林是鹪鹩千挑万选的栖息地。他的叫声充满了这昏暗的通道，就像是有极其上乘的回响板似的。的确，对于这么小的鸟儿来说，他的叫声非常有穿透力，同时混响着相当程度的华彩和忧伤。而在我头脑中呈现出的是灵活而震颤的银舌。你可能知道，这声音源自情感充沛的鹪鹩。但是，你还是需要细心地看着这位身材娇小的歌手，特别是在他歌唱时的表现，他的颜色与大地和树叶极为相近。他从来不会跳上高高的树上，却总是在低处，在树桩和树根之间飞舞，刻意避开他的藏身之处，心存疑窦地看着所有的入侵者。他的样子十分好笑，跟喜剧演员相差无几。他的尾巴比笔还要直：直指他的脑袋。他是我所知道的最不招摇的歌手。他从不摆姿势，也不好像要做准备似地抬起头来清理喉咙，而是站在原木上直视前方，甚至低头看着地面，就开始奉献他的音乐。作为一个歌手，能够超过他鸟儿几乎没有。直到七月的第一个星期我才听到他的歌唱。

之所以叫他winter wren，是因为他有时可以勇敢地出现在北方的寒冬里，但很少有人能在那个季节看到他，我这一辈子也只见到过两三次。最近的一次是在二月份的时候出去远足时看到的，也只看到了一只而已。当我沿着小路走在树林边缘的小溪附近的时候，我看到一

只褐色的小鸟猛冲到石桥下，一闪而过。我想那一定是鹡鸰，因为只有他才会藏匿在这么小的桥下。我走下去，站在小桥上，希望能看到小鸟从桥的另一头冲出来。因为他没有出现，于是我仔仔细细查看了小河的河畔，河畔长满了原木和灌木，更远处还有少许藤条。

不久，我便看到了一只鹡鸰蹲在一株老原木下拍打着翅膀。当我接近他时，他旋即藏匿在河边一些七零八落的石头下面，然后又跳出来偷偷地看我，在周围坐立不安了一阵子就再次消失了。在一些洞和凹陷处的粪便下像老鼠和金花鼠一样飞来飞去。鹡鸰被人熟知的就是因为他有这样蹲着或者飞来飞去的习惯。

当我再次寻找并接近他时，他偷偷摸摸地飞了几码远，尔后消失在一座房子附近的一座小木板桥的下面。

我很好奇，他在这个时节以什么为食。地上铺着一层薄薄的雪，天气已经很冷了。就我所知，鹡鸰以昆虫为食，在这样隆冬时节他要到哪里去找昆虫呢？可能是在桥下，灌木丛的下面，河岸的洞或凹陷处吧，因为那是太阳洒下温暖的地方。在这些地方，他可能会找到冬眠的蜘蛛和苍蝇，或者其他昆虫和他们的幼虫。还有一种很小，很像蚊子的生物，这些虫子常出现在三月或是隆冬刚刚到零度以上的时候。人们可以在那么寒冷的天气里看到它那美妙的空中舞蹈，而这个时候，人们在散步的时候，都会下意识地把大衣的扣子扣上。它们身体的颜色要比蚊子深——一种深深的水蓝色——而且非常怕触摸。大概只有鹡鸰知道这些昆虫的藏身之处吧。

金翅雀
Goldfinch

在东北方的凄风苦雨中，金翅雀这样的
音乐求爱盛宴会连续持续三天。

金翅雀全称为
美洲金翅雀。

八月的纽约和新英格兰最引人注目的就是黄雀（yellowbird），或者叫金翅雀了。他是最后一个筑巢的，是少有的直到七月底才开始孵蛋的鸟儿，好像她需要某种特殊的食物去喂养幼鸟，而这种食物在更早的时候是没有的。蓟（thistle）的种子是他们的重要食物。这个季节里最美的景象，就是一群小金翅雀在父母的带领下，从一棵蓟沿着道路飞到另一棵蓟上，把成熟的果实扯碎找出种子。幼鸟那悲哀的叫声是八月音响的一个特色，他们的鸟巢经常被七月可怕的雷阵雨毁坏，或者鸟蛋被抛出鸟巢。去年，有一对金翅雀在我家房门前的枫树（maple）上一根细长的枝干上筑了巢。鸟蛋已经安放在鸟巢里了，这对幸福的鸟儿每天都要多次情意绵绵地谈论这些鸟蛋。直到一天下午狂风大作，把树枝吹得像迎风狂舞的发丝，鸟巢也被风吹得东倒西歪，漂亮鸟巢里的蛋也被吹了出去。在这种情况下，鸟儿会重新筑巢——这么一推迟，孵化推到了八月份。

这样深深的、舒适而紧凑的鸟巢，没有任何垂下来的边边角角，一般建在苹果树、桃树或能庇荫的可供观赏的庭荫树的树杈上。鸟蛋是淡淡的蓝白色。

雌鸟孵蛋的时候，雄鸟定时定点地给她喂食。当雄鸟接近时，雌鸟会呼唤他。或是雌鸟听到雄鸟飞过，她会用那深情款款的、女性

味十足的、孩子般稚嫩的声音呼唤他。只有在孵蛋的时候，我才知道孵蛋的鸟儿的声音是从哪里发出的。当情敌入侵这棵树时，或者靠得太近的时候，鸟巢主人雄鸟会用明亮友好自信的声音来追击、有理有据地告诫入侵者。确实，大部分鸟儿在战斗的时候都会发出甜美的声音，爱之歌同样也是战斗之歌。雄金翅鸟从一个个落脚点之间飞来飞去，显然是在向对方表示最高的承诺，承诺彼此的敬意和重要性，同时一方也在暗示另一方他的玩笑开得太过了，好像是用又温柔又温和幽默的语气说，"咦，我亲爱的先生，这是我的地盘，你肯定不想非法进入吧。请允许我向你致敬，并陪同你飞出界限。"然而，也有入侵者没有理解这些暗示的时候，有时候他们也会在空中发生短暂的打斗。他们向上飞着，嘴对着嘴，到达相当的高度，但很少有真正的殴打。

金翅雀是在其他鸟儿退出舞台安静下来，生儿育女，子女长大会飞之后，才开始变得活跃和引人注目起来的。八月是他们的月份，是他们的欢乐季。现在该轮到他们登场了。蓟的种子成熟了，他的鸟巢也不会被松鸦（jay-bird）或者乌鸦（crow）所打扰。我清晨听到的第一声鸟叫是他的叫声。他以自己特有的方式在空中起伏飞翔，盘旋摇摆着，每次都呈曲线下降，同时叫着，"我们来了，我们来了！"白天，他们每个小时都心满意足地盘旋着，波浪似的飞翔着。这是他音乐剧表演的一个组成部分，他飞行的路线是一条深度起伏的线，就像夏天海上那长长的海浪一般。从山顶到山顶，或从山谷到山谷，大约30英尺。这个距离由简单的向下的线组成，鸟儿只需简单地拍打翅膀。当他快速地打开翅膀，翅膀会给他一个向上的冲劲，他就用合拢的翅膀画一个长长的弧线。因此，上上下下，起起伏伏，就像大海里的海豚一般。他在夏天的空中飞舞。与这个表演形成鲜明对比的是，他沉迷于用翅膀拍打出的突如其来的、简短的歌声。现在他水平飞舞，展开的宽阔的翅膀又圆又凹陷，活像两个贝壳慢慢地拍打着空气。此时歌声成了主旋律，翅膀只是用来提供保证，保持飞行的状态。在另一种情况下，飞行成了主要表演，而歌声只是不时地穿插其中罢了。

在我们所熟悉的鸟类里，金翅雀是最可爱的。金翅雀整个冬天都与我们待在一起，在松散的羊毛里，身着深橄榄色的外衣。五月的时候雄鸟就会穿上他们鲜艳的夏季盛装，这是由于他们浅表换羽的结果，他们的羽毛不会脱落，但是他们黯淡的罩衫或者外衣会脱去。当这个过程完成了一部分的时候，鸟儿的外表是污秽肮脏的，不登大雅之堂的，但我们很少会看到他们那时的样子，他们就像是从社会上隐退了一般。等到换装完成，雄鸟穿上他们鲜亮的黄黑色相间外衣时，求偶便开始了。附近所有的金翅雀都会欢聚一堂，举办一个音乐节。可以看到大树上有好多金翅雀都在兴高采烈地、活活泼泼地唱着，叫着。雄鸟在唱，雌鸟在叽叽喳喳地喊着，叫着。我不知道这到底是不是一场真正的比赛，是不是雄鸟在雌鸟面前比拼唱歌能力。似乎所有的鸟儿之间都弥漫着友好的气氛，没有吵架和斗殴的迹象。"一切都快乐得如同婚礼的钟声"，在这音乐盛宴上所有的鸟儿都成双配对了。五月过去之前，鸟儿都已出双入对。六月开始忙活家务了。我把这称之为鸟儿求爱的典范，与我们那些争吵不休、拈酸吃醋的大部分鸟儿形成了鲜明的对比。

我知道，在东北方的凄风苦雨中，金翅雀这样的音乐求爱盛宴会连续持续三天。虽然全身湿透，肮脏不堪，但是金翅雀热情高涨，快乐异常，就算是天气坏，还刮风，鸟儿也不会散开。

雪松太平鸟
Cedar-Bird

雪松太平鸟可能是我们所看到的最安静的鸟儿了。只有在起飞的时候才发出像冒泡一样的声音，大自然不可能既给了他美丽的羽毛又给他歌声啊。

这是一种多么警觉和警惕的鸟儿啊，即便在筑巢的时候也不例外！在树林里一片开阔的地方，我看到一对雪松太平鸟从一棵枯死的树顶上收集苔藓（moss）。顺着他们飞行的方向望去，很快就发现了他们的巢穴。那是在几棵野樱桃树（wild cherry-tree）和山毛榉（beech）之间的一棵软木枫（soft maple，又叫银白槭），鸟巢就在软木枫的树杈上。为了不惊动这一对工人以至于他们用碎片或者工具打我，我小心翼翼地隐藏在树后，等待着忙碌的他们归来。不久，我就听到了熟悉的叫声，雌鸟无声无息地飞落在半完工的鸟巢里，翅膀还没有放下来，她就透过了我的掩体看到了我，惊慌失措地急忙冲了出去，飞远了。不久，雄鸟嘴里叼着一撮羊毛飞回来了（因为附近有可以放牧羊群的草场），于是便和雌鸟一起从周围的灌木（bush）观察着自己的房屋。他们就这样嘴里叼着东西，神色惊恐地围着鸟巢飞呀飞，但拒绝接近鸟巢，直到我离开并躲在一根圆木的后面以后，一只鸟才壮着胆子飞落在鸟巢里，但仿佛感觉什么都不对头，旋即冲了出去。接着，两只鸟一起飞了回来，经过好一阵窥探、侦察和大量紧张的磋商后，小心翼翼地开始工作。不到半小时，全家用的羊毛已经找够了，还有一些短袜，就算可以找到针线用手指编织起来，也不会更真实、更精准了。还不到一个星期的时间，雌鸟就在里面存放自己的

蛋了——那么多天一共才存放了四只——白色略带点儿紫色，在大的一端有一些黑点。经过两周的孵化，几只小鸟诞生了。

除了美洲金翅雀（American goldfinch），这种鸟儿在北方的气候下，是最晚筑巢的鸟儿了。其他鸟儿的筑巢活动很少会等到七月才开始。似乎像金翅雀一样，太早的话，这个季节还没有适合喂养幼鸟的食物吧。

有一年，我知道一对雪松太平鸟在一棵苹果树上筑巢，这棵苹果树的树枝搭到我家的房子上。在放稻草的前一两天，我看见一对鸟儿认真地查看每一根树枝。雌鸟带头，雄鸟跟在后面紧张地叫着看着。显而易见，这次是鸟太太做主。她就像很清楚自己想法的人一样，她精挑细选着，最后把地点选在了一根高枝上，这根树枝伸展到一个低低的房翼上。接下来，两只鸟儿相互祝贺和爱抚，就都飞去寻找筑巢的材料了。最好用的是长在荒地里的一种有棉絮的植物（cotton-bearing plant）了。鸟巢比鸟儿的体形大并且柔软，从哪方面看，这个鸟巢都可以算得上一幢一等住宅。

雪松太平鸟可能是我们所看到的最安静的鸟儿了。我们见过的那些跟他一样，长着中性色彩的鸟儿基本上都是顶呱呱的歌手，但是他却不唱也不叫，只有在起飞的时候才发出像冒泡一样的声音，这声音就像是报答雪松浆果（cedar-berry）的声音。他最近才熟悉的鸡心樱桃（ox-heart cherry）拓宽了他的音域，温暖了他的心，我期待听到他更多的歌声。作为补偿，他长着那些美丽的根根分明的人工着色般的橘色羽毛和翅膀尾部的朱红色的大翎毛，大自然不可能既给了他美丽的羽毛又给他美妙的歌声啊。

八月是展翅翱翔的鹰的日子。他喜欢雾霾，喜欢这段漫长、温暖又安静的日子。

苍鹰
Hen Hawk

八月是展翅翱翔的鹰的日子。苍鹰是最引人注目的一种鹰。他喜欢雾霾，喜欢这段漫长、温暖又安静的日子。他是悠闲的鸟类，看上去总是那么自由自在。他的动作是多么的美丽而庄严啊！他是那么的气定神闲、淡定自若，不慌不忙，他盘旋时的幅度那么大，壮丽无比，他是那么的傲慢，至高无上的优雅，这是多么大胆的空中进化啊！

他的动作是那么舒缓，那么悠闲，翅膀几乎静止不动。他不断地螺旋式上升，直到他在夏日的晴空中变为一个小小的颗粒。然后，如果他心情好的话，会半合翅膀，像弯弓似的，几乎垂直地划破天空，就像是故意冲向地面把自己摔成碎片似的。但当接近地面时，他突然又向上飞起，展开宽大的翅膀，好像重新飞回空中一般，自由自在地飞远了。这是这个季节伟人的壮举。看到他好像重新飞起的时候，任何人都会屏息静气啊。

如果是平缓逐渐地下降，他的眼睛会目不转睛地盯着远处地面的一个点，然后再去改变他的飞行路线。他依然是速度飞快，勇敢无畏的。你可以看到他从天而降的路线，就像一条笔直的直线；如果离得很近的话，你可以听到他的翅膀在俯冲时发出的声音；他的影子迅速掠过地面，顷刻间，你就能看见他悄然落在湿地或牧场里的某一棵树上或腐烂的树桩上，嘴里还咀嚼着青蛙和老鼠。

　　每当南风吹起的时候，看三四只空中之王从山谷谷顶飞向高山，在强气流中平衡摆动着。此时此刻，除了那些像走钢丝一样令人颤栗的动作外，其他的一切都静止了；接着苍鹰长时间上下起伏地飞行着，好像是放弃飞行顺风飘移一般；或者再一次直冲云霄，飞跃高峰，不慌不忙，而是带有规定性的，有时态度认真得可怕，速度快得可怕。当他从头顶飞过的时候，如果你冲他开枪，除非他伤得十分严重，否则，他是绝对不会改变他的飞行路线和速度的。

　　苍鹰是冷静而高贵的，当他受到乌鸦或霸鹟的围攻时，他很值得对方这么做。他从来不去注意这些吵吵闹闹、暴跳如雷的敌人，而是故意向高处盘旋，上升再上升，直到追捕者头晕目眩，返回地面为止。这一招是独门绝技，摆脱没有价值的对手——上升到那些吹牛皮的家伙感到头晕目眩和难以企及的高度，让他们直接失去筹码！我不确定，但这一招值得模仿。

披肩榛鸡
Ruffed Grouse

榛鸡让树林的气氛适宜居住，让人觉得树林宾至如归，像家一样。

呼！呼！呼！一窝还未长成的披肩榛鸡就像炸开的锅一样，在距离我几步远的地方四散奔逃，消失在灌木丛中。就让我坐下来藏匿在蕨类植物和荆棘的后面，听森林中疯狂的雌鸟唤回她的孩子们吧。榛鸡这么小就会飞了呀！大自然似乎把力量聚集在他翅膀上，照顾鸟儿，首要问题就是保证他们的安全。很快他们身上便长满绒毛，却没有任何长羽毛的迹象，之后翅膀上的大翎毛渐渐长了出来，然后打开了，在不可思议的很短的时间里，小鸟就在飞行上有了长足的进步。

听！灌木丛里传来了轻柔的、咕咕的叫声。那声音是那么微妙，那样野性却又不引人注意，这声音需要最敏锐、最警觉的耳朵才能听到。这是多么温柔、多么关切，充满渴望的爱意的声音呀！这是鸟妈妈的叫声。不久，听到了一个模模糊糊的羞怯的声音——"在"，从四面八方传来。这声音好像是要避开别人的耳朵似的，那是小榛鸡们的回应。感觉周围好像没有危险，很快就听到了鸟妈妈咕咕咕的叫声，小榛鸡们也小心翼翼地向那个声音的方向靠近。我还从未那样小心翼翼地从躲藏的地方开始挪动，然而所有的声音还是立刻没有了，我白搜索了，既没找到鸟妈妈，也没找到幼鸟。

榛鸡是我们当地最有特色的鸟之一。我在树林里很容易找到他们。他让树林的气氛适宜居住，让人觉得树林宾至如归，像家一样。

在我没有发现他们的那个树林，感觉就像少了些什么似的，好像被大自然忽略似的很痛苦。他是一个辉煌的成功范例，他是那么的坚韧耐寒，精力充沛，我认为他喜欢冰天雪地。隆冬时节，他的翅膀拍打得更加热情洋溢。如果雪下得很急，预示着一场大的暴风雪即将来临的话，他会心满意足地坐下来，任由雪花把他覆盖掩埋。这时候如果你接近他，他就会突然地从你脚下的雪中蹦出来，冰晶朝四面八方散落，像弹壳一样嗡嗡地鸣叫着穿过树林——宛如一幅原始精神和成功生存的画卷。

　　他的鼓声是春天里最美、最受欢迎的声音。四月的清晨或夜幕即将降临的傍晚，树还没有抽出嫩芽的时候，你就能听到他那忠诚的翅膀发出的嗡嗡声。他并没有像你预测的那样，找一株干燥的树枝树桩，而是选择腐烂而破碎的树桩，尤其喜爱部分粘着泥土的老橡树桩。如果没有适意的树桩，他就会找一块石头当做神坛，在他翅膀的扇动下产生强烈的共鸣。有谁看到过榛鸡打鼓？这就像要看到鼬睡觉一样难，只有心细如发和机敏老练的人才能看得到。他并没有抱着树桩，而是笔直地站着，展开他的颈毛，先来两下前奏，然后停顿半秒，接着便开始越来越快地扇动起翅膀来，直到那声音变成连贯、完整的呼呼声。这样的声音持续了不到半分钟。他的翅尖几乎不碰触到树桩，所以那声音是来自于扇动空气的力量拍打他自己的身体发出的，就像在飞行的时候那样。一个树桩可能会用很多年，也会有很多鼓手用。树桩就像是一座庙宇一般备受尊敬。鸟儿都会步行靠近，同样步行静静地离开，除非受到粗鲁的干扰。尽管他的智慧没有那么博大精深，但他很狡猾。想要悄悄接近他很难，这需要多次尝试才能成功。但他飞过你的时候会发出声响，站着的时候翅膀收拢像绳结一样不摇也不动，美不胜收，让你好好看个够。

　　榛鸡尖尖的足迹是冬日雪地里的一个美好的装饰。他的飞行路线是清晰明了和不轻易改变的，有时有些不规则，但总体来说方向感十足。他会警觉，同时充满希望地带着你穿过密集不易通过的地方——穿越树桩，穿过灌木丛。他会突然离开你，飞到几码意外，嗡嗡地叫着穿过树林——宣告她的耐力和活力的彻底胜利。勇敢的本地鸟儿，但愿你的足迹永远不要减少，你在白桦树林的身影也不要这么稀罕！

榛　鸡

远处传来你低沉有力的叫声，
轻柔的像是徘徊的蜜蜂，
在远处听是那样模糊，
近处则像瀑布流入大海。

又一次，那是迷路的声音，
那是磨坊的嗡嗡声么？
那是加农炮弹飞出的声音么？
还是山那边爆炸的声音？

那是榛鸡和他激荡的灵魂，
他正在渴望着他的伴侣和鸟巢，
思春的声音温柔地起伏着，
他的爱在心中荡漾。

听到了清晨他那热情的鼓声，

听到了他的召唤是那样的轻柔和深邃，

冲着香灌丛（Spice-bush）叫着直到她出现，

从她睡梦中的血根草（Bloodroot）走过。

啊！让你的翅膀竖起来去打鼓吧，

岁月留心奏一曲行军之歌，

唤醒激活姗姗来迟的春天，

直到游吟诗人摇响欢快的铃声，

这时春天就会真的蹦跳而至。

乌鸦
Crow

　　乌鸦或许并没有如狐狸恭维的那样，有一副甜美的嗓音，然而他确实有一套优秀的、强势的、本真的言语。他的言语当中有多少个性呢！多么简约而独立！显然他的羽毛牢固，颜色鲜明，反应机敏。他能立刻理解你的话，并告诉你他听懂了。老鹰也是这样的，只是他是用轻蔑的、目中无人的呼呼声告诉别人的。乌鸦，英勇快乐的反叛者，我深爱着他们！警觉、合群又带有共和倾向的乌鸦总是为保护自己而时刻提防着，它们不畏严寒，不怕暴雪，肉食稀少时就去捕鱼，其他食物匮乏的时候就去偷窃。乌鸦是我在风景中不愿错过的一个角色。我酷爱观看他们在雪地或泥土里留下的足迹，以及他们在棕色的田野里四处散步时优雅的身影。

　　他不是入侵者，他的举止风度和行为方式完全就像在自己家里一般，理直气壮地拥有土地的所有权。他不像一些其貌不扬、孤独的鸣鸟那样，他不是感伤主义者。相反，显而易见，他总是身体健康、情绪高涨。不管谁生病了，谁灰心丧气了，谁不满意了，不管天气怎样，玉米的价格怎样，乌鸦状态总是良好，觉得生活是甜蜜幸福的。他是世俗的智慧和谨慎的朦胧化身。他是大自然自主任命的治安官之一，还大大地扩大了自己的办公场所。他会欣欣然地把冒险跨界的每只老鹰、猫头鹰或者猫抓捕归案。我了解到有一群乌鸦围攻了一只狐

狸，还大喊"捉贼！"最后狐狸羞愧地藏了起来。我曾经说过，狐狸恭维乌鸦说它拥有一副甜美的嗓音。然而大自然中最悦耳的声音之一就是乌鸦发出的。乌鸦一族的全体成员，从北美蓝鸦算起，全都擅长一定的低沉的口语信号，这信号有着特有的韵律，十分迷人。冬天，我经常听到乌鸦陶醉在自己的声音里，让我想起了德西马琴的声音。乌鸦啼叫时，像公鸡一样伸长脖子，使出全身力气发出极其清晰、清脆的声音，这声音必定能够吸引你的注意，并且报答你的注意。毫无疑问，这曲子正是狐狸求之不得和赞不绝口的，因为在发出声音的时候，乌鸦不可避免地会把嘴里的肉块掉落下来。

　　乌鸦很讲究礼仪，风度翩翩。他的言行举止总是很有土地主人的风范。一天清晨，我在书房窗户附近的雪地上放了一块鲜肉。不一会儿，一只乌鸦飞过来把肉叼走了，落在葡萄园的地上。正当他大快朵颐的时候，又飞来一只乌鸦，落在几码远的地方，慢慢走近，在离他的伙伴只有几英尺的地方停住了。我期待观看一场争夺食物的打斗，就像家禽或者哺乳动物之间争夺食物的争斗。可是，并没有发生这样的争斗。正在啄食的乌鸦不吃了，凝视了另一只乌鸦片刻，做了一个或两个示意动作以后就飞走了。于是，第二只乌鸦走到食物前开始啄食自己那份食物。不久，第一只乌鸦回来了，它们都扯了一块食物后飞走了。它们之间的互相尊重和善意似乎非常完美。这是否真的是人类所理解的意义，抑或只是对于群居鸟类中盛行的相互支持的本性的解释，我不得而知。老鹰或啄木鸟之类的鸟儿生性孤僻，在面对食物的时候对待同类的方式却是截然不同的。

　　乌鸦会迅速发现捕捉它们的任何陷阱或圈套，但要他揭穿最简单的计谋却要花费很长一段时间才行。正如我之前说过的，有时我会在书房窗户前雪地上放一些肉作诱饵。有一次，由于每天都有十几只乌鸦飞来在那个地方等待着，我用绳子把一块肉悬挂在我经常存放食物的那个地点上方的树枝上。一只乌鸦很快发现了肉，飞到树上观察是怎么回事。这引起了他的怀疑，显然，悬挂的肉上有一些机关。这是捕捉他的陷阱。他飞到附近处的每一根树枝上多角度俯瞰着，时而窥视时而凝视，一心想要看穿这个奥秘。他飞到地面上，徘徊着，从各个角度勘查着。然后长时间在葡萄园里走来走去，希望能偶然发现一些线索。然后他又回到大树上，先用一只眼看，然后用另一只；然后又到地面上；然后他离开了又回来了；然后他的伙伴来了，一起眯着眼看着，调查研究着，然后消失了。山雀和啄木鸟可能会落在肉上，在大风中摇摇晃晃地啄食，但乌鸦觉得很可怕。这就能显示出反应能力吗？或许能吧，但我宁愿把他恐惧和机灵的本性视为乌鸦的典型特点。就这样，两天过去了：每天早上乌鸦飞过来，从树上的不同角度俯瞰挂着的肉，然后飞走了。第三天，我在悬挂的肉下方的雪堆上放了一块大骨头。不一会儿，一只乌鸦在树上出现了，俯身目不转睛地盯着诱惑的骨头。"更加神秘了。"他似乎在自言自语。但是，经过一个小时的勘查，在多次接近地面上的食物，走到只有几英尺远之后，他好像得出了结论，地面上的食物与绳子上挂着的那块肉之间没有关系。所以，他最终走向食物开始啄食，与此同时不停地扑打着翅膀，表示自己时刻警惕着。他也曾一度抬头仰望悬在空中的肉，好像那是伪装的达摩克利斯剑（sword of Damocles），随时都会劈在他身上一般。一会儿，他的伴侣来了，落在大树的一根低低的树枝上。正在啄食的乌鸦注视了她一会儿，然后飞到她旁边，好像要让给她一次吃肉的机会似的，但是他的伙伴却拒绝去弄险。显而易见，她把整个事件看作一次诱惑、一个圈套，所以不一会儿就飞走了，而他也随着伴侣飞走了。于是我把骨头放在树的一根主叉上，可是，这些乌鸦还是与骨头保持一定的安全距离。于是我又把肉放回地上，他们的疑心越来越重；他们认为这一切都有恶意。最终，一条狗叼走了那块骨头，

鸦们不再光顾这棵树了。

从孩童时期开始，在每年的九月或十月，在高高的、长满青草的山坡上或是植被茂密的山脊上，我都会看到乌鸦一年一度的大汇集。显面易见，大范围内的所有乌鸦都会在这个时段聚集起来，你可以看到，他们有的独行，有的结成松散的队伍，从四面八方来到集合地，总共能聚几百只乌鸦，一英亩甚至两英亩的地面变成黑压压的一片。他们时不时地会一起飞向空中，来回翻转，齐声尖叫。然后又会落到地面上，或是树冠上，然后视情况而定，再次飞起来，乌鸦齐声尖叫。这些行为都是什么意思呢？我注意到这种汇集总是出现在他们奔赴冬季的栖息地之前。了解他们之间交流的性质会是一个非常有趣的问题。

乌鸦

一

我全年的朋友和邻居，
自封的守护员

守护我的果园和粮食，
守护我的森林和起伏的平川，

处处向你索要十一税，
我却从不称其为窃贼。

大自然理智地创造法规，
我未能找出瑕疵

在你给地球的名录上，
乌鸦都有其注定的价值。

我喜欢你自信满满的气质，
我喜欢你自由自在了无牵挂的方式。

你这地主在我的田地里闲庭信步，
很快注意到每片地的产物；

举止英勇，宫廷风度，
犹如你所声称的金不换。

天空衬着你漂浮的身形，
当风和日丽，天高云淡；

日出前你深居简出，
日落时你归航的家族。

你不会用色彩隐藏自己，
但羽衣润泽，片片都闪烁着光芒。

你从头到脚如黑钻，
与晶莹的白雪相映衬。

二

从不悲伤，从不强求，
你行窃时的艺术都自由自在，

总是修饰到羽尖，
静静地修饰，不论天气变幻，

破晓至夜晚我的森林有你监护，
每个声音都能引你频频侧耳。

老鹰和猫头鹰隐藏在树冠上，
被你嘲弄得羞愧难当。

逃脱你的监视没有价值，
空余对你的指控的恐惧。

三

猎人、逡巡者、森林爱好者，
徒劳地寻找枝叶茂盛的掩盖物。

喧闹、诡计多端还食肉，
有着近乎高雅的风度，

天性悠闲，无匆忙，
无繁忙，无忧肠。

友好的强盗，罗宾汉，
森林的法官和评审团，

黑貂似的翎毛，海盗霸王，
金银财宝深山藏。

自然为四季创造了你，
以充足的理由赋予你智慧，

优秀乌鸦的智慧总是闪闪亮
一如她的关心恩赐的衣裳。

希望你人丁兴旺！
我会陪你直到地老天荒。

但愿我与你常相见！
但愿我永远不要啖你的羹汤！

最希望你永远不要这样进食
最希望你如稻草人看护田塍！

▲ 冠蓝鸦

▲ 灰噪鸦

灰伯劳
North shrike

她此时伪装得像天真无邪的旅鸫一样，隐瞒了一个杀手的特征。

通常情况下，食肉鸟的特点是非常明显的。这一点也没有说错。他的爪子、嘴部、头部、翅膀，实际上是全身的构造都说明一个事实：他靠鲜活的动物维持生命。他全副武装，为了捕捉动物，杀死动物。每只鸟都对老鹰了如指掌，从一出生就了如指掌，所以都很戒备。老鹰剥夺其他动物的生命，可是他这样做是为了维持他自己的生命，这是众所周知的事实。由于这样的特性，大自然派遣他们出来，也通知了所有其他动物。对伯劳却不是这样，他此时伪装得像天真无邪的旅鸫一样，隐瞒了一个杀手的特征。他的爪子、翅膀、尾巴、色泽、头部和总体形态大小都像是业务熟练的歌手嘲鸫，但他可是个狠角色。唯一典型的特点就是他的嘴，嘴的上部有两个尖锐的突起物和一个锋利的尖钩。伯劳通常用尖物刺穿猎物或把猎物插到树杈上。然而，大多数情况下，伯劳的食物主要是昆虫——蜘蛛、蚱蜢、甲虫等。伯劳正是这些小昆虫的暗杀者，他经常迫害他们纯粹是为了取乐，或者只是为了吸干他们的脑浆，正如加乌乔人（Gaucho）仅仅为了舌头就去屠杀一头野牛或公牛一样。她就是一匹披着羊皮的狼。显然她的受害者们不熟悉他真实的性格才允许伯劳接近他们，直到给了他们致命的一击才追悔莫及。有一天，我看到了一个这样的解释。一大群羽毛稀少的金翅雀，还有灯草鹀（snow bird）和麻雀在谷仓后面

的矮树丛中边觅食边闲聊。我在栅栏旁驻足，透过栅栏偷看他们，瞥一眼那只罕见的白冠的雀儿。不一会儿，我听见干树叶发出沙沙的响声，好像他们当中还有一只大鸟。然后我又听见其中一只金翅雀发出的叫声，好像陷入困境，这一大群鸟突然警觉地飞起来，盘旋不去，落在了大树的顶端。我继续观察矮树丛，看到了一只大鸟，嘴里叼着什么东西，在地面附近的矮树枝上跳跃着。他在我的视线里消失了一会儿，然后突然从灌木中出现，飞向一棵年数不多的枫树顶端，一些金翅雀正落在那儿。我注视着伯劳。那些小金翅雀们躲开了他，在树的周围徘徊，追赶金翅雀的伯劳用头和身体的动作随着他们的移动而转动，好像他很乐意通过凶残的凝视把他们捕获似的。他们并没有像平时见到老鹰那样尖叫或是表现出很警惕的样子，而是叽叽喳喳地叫着，呼喊着，半是惊奇半是疑惑地来回盘旋着。他们沿着那行树飞得更远的时候，伯劳就紧跟着他们好像下定决心要继续努力捕捉他们。于是，我左右奔突去看伯劳捕捉到了什么猎物，是怎么处理猎物的。我接近灌木丛的时候，看见伯劳迅速退缩了。我马上读懂了他的意图。看到我的行动，他退缩了，回到了他的猎物身上。但是对于我来说，我的动作确实是太快了，他从矮树丛中起身飞离了这个地方。在树丛最茂密处的树枝上，我发现了他的受害者——一只金翅雀。不是被一根荆棘刺穿的，而是被仔细地挂在了横过来的树枝枝头，可以说是被放在了架子上。它像活着似的，还有体温，羽毛也没有凌乱。我检查以后发现在金翅雀的颈部背后的皮肤上，头盖骨的底部，有一大片挫伤或破裂。毫无疑问，强盗用他坚利的尖嘴夹住了这只鸟。伯劳并没有停止吞食猎物，而是有了更高的要求，好像要开一个金翅雀的市场，从这一事实，我们可以看出伯劳嗜血成性，灌木丛就是他的屠宰场，假如没有受到干扰的话，他很可能在短时间内演绎精彩的花絮。

　　伯劳因用钩子和尖物刺穿肉食的习惯而被称为"屠夫"，更有甚者，是因为他把自己杀死的猎物全部吞掉，片甲不留。

角鸮
Screech Owl

> 猫头鹰的所有方式全都是柔柔弱弱、昏昏暗暗的方式,他的翅膀被钉上了宁静,羽毛镶上了绒边。

在森林最灰暗、最贫瘠的一个地方,我突然遇到一窝角鸮(猫头鹰的一种),这些猫头鹰均已成年,一起卧在一根苔藓覆盖的干树枝上,树枝离地面只有几英尺。我在离他们四五码远的地方停下了脚步,当我的目光落到这些灰色的、呆若木鸡的小动物身上时,他们也东张西望地寻找我。他们笔直地卧着,有的背对我,有的胸朝我,但每个小脑袋都正对着我所在的方向。他们的眼睛眯成一条细细的黑线,他们通过这条缝隙观察着我,显然以为没人看得见他们。这样的场景又怪异又好笑,意味着有一些顽皮诡异的东西存在。这是一种全新的效果,是日光下的森林夜晚的一面。我观察了他们一会儿以后,只向前迈了一步,说时迟那时快,只见他们的眼睛突然睁大,态度大变,他们弯曲着,有的向这面弯,有的向那面弯,本能地充满活力,随时准备行动,疯狂地看着周围。我又向前迈了一步,他们就都飞走了,只剩下一只,这只猫头鹰在树枝上弯曲得更矮了,扭过头来凝视了我几秒钟,面部表情像一个吓坏了的小猫。其他猫头鹰迅速轻快地飞走了,四散在树林里。

猫头鹰是我冬季住所的一个邻居,我对他很感兴趣,他是一只小小的红色猫头鹰。他的寓所在栅栏那边的一棵老苹果树的中央。他在哪里度过春季和夏季,我不清楚,但每年深秋时节,整个冬季每隔一段时间，他的藏身之地就会被松鸦（jay）和䴓（nuthatch）发现，他们为争夺这片空间，竭尽全力来控制声音，在树顶上叫了大约半个小时左右。整个冬季，他们把我叫出去四次，关注这只假装在窝巢里假寐的小怪物，他们有时在这棵树上，有时在另一棵树上。不管什么时候，只要一听到他们的叫喊声，我就知道我的邻居正被骂得体无完肤。那些鸟儿轮流监视他，同时发出警告的叫声。听到叫声的每只鸦都会来到这个地方，马上靠近树干或树枝上的洞口，屏息静气，满心渴望和兴奋地偷偷地看一眼猫头鹰，然后跟他们一起喊叫起来。我靠近他们时，他们会慌慌张张地看最后一眼，然后后退，全神贯注地注视着我的一举一动。我的眼睛在洞里昏暗的光线下适应了一会儿以后，通常能辨认出在窝巢底部的猫头鹰是在装睡。我说它装睡是因为他真是这么做的。有一天，我用斧子砍他的窝巢第一次发现他在装睡。砍树声音很大，碎片纷纷落下，他丝毫未受干扰，照样装睡。我砍到一根树枝上时，把他挪到一边，把他一只翅膀伸展开了，他都没有恢复原来的样子，就那么躺在碎木屑和腐烂的木块上，好像是自己是碎木屑和腐烂的木块的一部分似的。的确，是他锐利的眼神把他与其他鸟类区别开了。直到我非常粗鲁地拉着他的一只翅膀向前挪，他才放弃了装睡或者装死的把戏。然后，像被发现的扒手一样，他突然摇身一变，成另一种动物：它的眼睛睁得大大的，爪子紧握着我的手指，耳朵下陷，每个动作和表情都似乎在说："把你的手拿开，否则后果自负！"发现这个招数没起作用，他马上又开始"装傻充愣"。我在学习的木箱子上放了个盖子，把他关押了一周。我随时窥视他，不分白天和夜晚，他显然在用深度睡眠掩护着自己，但是我不时往箱子里放置活老鼠，结果发现他的睡眠很容易被破坏，箱子里会突然发出沙沙声，或是微弱的吱吱声，然后又安静下来。关押了一个星期之后，我在灿烂的阳光

下给了他自由，这样一来，他考虑走哪条路，要去哪里就都不成问题了。

冬季的黄昏，我可以经常听到他那微弱的呼呼声，令人愉悦。在冬季的宁静里，这是怎样的鬼鬼祟祟的、木质感的声音啊！绝对不像老鹰的尖叫那么刺耳！猫头鹰的所有方式全都是柔柔弱弱、昏昏暗暗的方式，他的翅膀被钉上了宁静，羽毛镶上了绒边。

我的另一个猫头鹰邻居，我和他度过的白天时光比第一只猫头鹰要多，因为那只猫头鹰住得更远一些。每天晚上我去邮局的路上都会路过他的地盘。冬季，如果时间特别晚了，我能够非常肯定，能看到他站在门口，透过小眯缝眼审视着过路的人和周边的环境。连续四个冬季，我都观察过它。当夜幕降临之际，他就会起从苹果树中的洞里钻出来，几乎与山后的月亮同时出现，然后坐在开阔的枝条上、灰暗的树皮和了无生气的树林的轮廓把他的体形完全勾勒出来，事实上，他羽毛的保护色谁的眼睛都看不见，都不知道他在那里。也许我的眼睛是唯一一双能看透他秘密的眼睛，我从来没有机会，只有一次看到他离开窝巢袭击正把老鼠挪到旁边一棵树的树枝上的伯劳，其实我正在观察那棵树。我看见他的身影，当时看到他正悄悄地迅速接近伯劳。猫头鹰差不多都快到树枝上的时候，伯劳才看见他。于是，他抛下了猎物，猛地冲回茂密的掩盖物里，发出响亮刺耳的叫声，就好像在说"走开！走开！走开！"猫头鹰落下来，我靠近他时，他或许正在观察伯劳刺穿的猎物。看到我，他猛然改变了行动的方向，径直飞回那棵老树上，落在了他住处的洞口。我接近他的时候，他并没有很明显地缩小身体的动作，像一个物体远处看会变小一样。他收缩着羽毛，目不转睛地盯着我，开始缓缓地后退，悄悄贴近窝巢直到在我的视线里逐渐消失。伯劳在树枝上擦了擦尖嘴，俯瞰着我，以及他失去的老鼠，然后飞走了。

在接下来的几个晚上，我路过那条路的时候，看到小猫头鹰又坐在门口，等待着夜幕降临。没有过路人打扰他，可是当我停下来观察他的时候，他发觉自己被人发现了，于是像以前的情况一样，他退回窝巢里。从那时起，每当我经过那条路，我都会四处寻找他。许多团队和步行的过路人晚上经过他身旁，然而，他认为人们没有注意到他，人们也确实没注意到他。我路过停下来和他打招呼的时候，他的眼睛睁大了一点，看起来好像认出了我，然后迅速退缩，渐渐消失在门后隐蔽的地方，那样子好生稀奇古怪。当他不是在瞭望或正在瞭望的时候，这需要最强的眼力来判断地点。如果对这件事的全过程进行细致研究的话，就能更好地了解他的目的。猫头鹰笔直地站着，正面呈现出斑驳的淡灰色，眼睛紧闭着，成了一条缝，耳边的羽毛塌陷，尖嘴埋在羽毛里，整个一副安静地等待和观察的态度。如果看到一只老鼠横穿公路，或是在夜幕下任何雪地上没有遮蔽的疾行，毫无疑问，猫头鹰会猛扑过去。我认为这只猫头鹰学会了把我和其他过路人区别对待，至少，我停下来站在他面前的时候，他发现我在观察他，就退回了窝巢里，就像我前面说的那样，样子非常滑稽有趣。

山雀
Chickadee

　　山雀是经常和我们在一起的。他们就像树林和植物中的常青树。冬季对于他们来说并不恐怖。他们是正宗的森林之鸟，但小树林和果园也与他们非常熟稔。他们靠近我的木屋是为了得到更好的保护吗？还是他们偶然在树上发现了适合自己的小洞？在树枝和地面上生存的鸟儿是很容易适应的，但山雀必须找到洞穴，在树上的小洞。啄木鸟发现合适的树干或树枝时就造小洞，但长着小而锋利的尖嘴的山雀却很少这么做，他通常把一个现成的小洞打磨光滑或继续加深。这就是一对山雀在距离我木屋几码远的地方的所作所为。小洞的入口处直通小黄樟树的中央，离地面四英尺高。日复一日，两个山雀轮流加深扩大洞穴：在小树中央轻轻地、温柔地敲击了一会儿，然后，山雀就在小洞的入口处出现了，他或者她的嘴里还叼着碎木屑呢。他们每过一小会儿就交换角色，一只鸟建巢，另一只收集食物。雌雄绝对公平似乎在这些山雀中非常盛行，在羽毛和职责方面都是如此，与鸟类中少数其他品种一样。为家务做准备工作期间，每个小时都能看见山雀们的影子，听得见他们的声音。然而，一旦第一颗卵产下来后，一切都变了，他们突然变得羞答答的，十分安静。若不是因为每天都能看到增加的新卵，人们甚至都会推断他们不在这里住了。因为有个必须保守的宝贵秘密：孵卵开始之后，我能窥见一只山雀迅速飞回来喂食以减轻另一只山雀的负担。

▶北山雀

◀ 黑顶山雀

有一天，一群瓦萨（Vassar）姑娘来看望我，我带她们去小黄樟树前参观山雀的窝巢。卧着的鸟儿还待在原地没动，头朝着后面，低垂的羽毛和冠羽露在鸟巢入口处的上方。一双好奇的眼睛向下偷看着她，但是我看出来她准备耍小把戏吓跑姑娘们。不一会儿，偷看的姑娘猛地转过了头来，惊呼道："咦？它啐我！"，与此同时，我听见了窝巢底部传来微弱的爆炸声。这种情况下，鸟的把戏显然就是深吸一口气，直到她感到膨胀，然后像溢出的蒸汽喷射溢出似的发出快速的、爆炸性的声音。山雀自然而然地闭上眼睛扭回头。姑娘们觉得太好玩了，于是故意激怒山雀，使这种可爱的不耐烦爆发了两三次。看着这样的计策失去了功效，山雀便没有继续下去，而是让这些快乐的笑脸凝视良久，直到满意为止。我最感兴趣的是，看着一窝山雀第一次冒险，尝试飞行。隔两三天，就能在鸟巢——一棵梨树枝的小洞入口处，看见他们的头。显然他们很喜欢海阔天空的外界环境。有一天傍晚，在太阳落山之前，一只山雀一马当先。他第一次飞了几码远，飞到一只蝗虫面前，他在那儿落在里面的一根树枝上，几声鸣叫和呼唤之后，接着开始整理羽毛，使自己在这样的夜晚镇静下来。我一直观察着他，直到夜幕快要降临的时候。他独自在树上没有表现出一丝一毫的恐惧，而是像惯常的那样把头藏在翅膀下，在夜晚安定下来。几小时后下了一场大的雷阵雨，但是清晨时分，他早已精神焕发地栖上了枝头。

清晨，另一只山雀出来时，我恰好经过那儿。他跳了出来，跳到了一根树枝上，抖了抖身体，大声鸣叫呼唤起来。过了一会儿，他好像突然冒出一个想法。他的态度变了，他伸直了身体，好像一股兴奋的悸动传遍了全身。我清楚这意味着什么，有声音在他耳畔低语道："飞吧！"他向空中一个跳跃，一声大吼，向附近的一个铁杉来了个漂亮的进发。那一天，以及接下来的一天，其他山雀如法炮制陆续离窝，直到鸟去巢空。

◀ 美洲凤头山雀

▼ 短嘴长尾山雀

▲ 栗背山雀

▲ 黑顶山雀

绒啄木鸟
Downy Woodpecker

似乎自认为最有权利款待我的鸟是绒啄木鸟，啄木鸟也是冬日
里我最喜欢的邻居。他的窝巢在腐烂的苹果树树枝上，是它几年前
挖掘的，离我的住所只有几步远。我称它为"他"，是因为他头顶
上的红色羽毛表明了他的性别。我们作家似乎都不是非常了解鸟类
学，不知道某种啄木鸟——也可能所有的冬日的鸟——每年秋天都在
树枝或树干上挖洞过冬，来年春天这个洞穴就被遗弃，很可能是为了
筑一个新巢。

那只我曾经提到过的啄木鸟于四五年前的一个秋天，在我的苹
果树上钻第一个洞，这是一只很特别的啄木鸟。他一直居住在这个洞
里，直到第二年春天才遗弃。第二年秋天，他开始在邻近的一根树枝
上挖洞，比以前挖得晚了些。当完成了一半的时候，一只雌性啄木鸟
占据了他的旧住所。我很遗憾地说，这下似乎真的激怒了雄鸟，他
只要一看见那只可怜的鸟，就去迫害她。他会怀有恶意地飞向她，把
她赶走。一个寒冷的十一月的清晨，我从树下经过，听到洞里小建筑
师的敲击声，同时看见被迫害的那只雌性鸟坐卧在另一个洞穴的入口
处，好像很不乐意出来的样子。其实她在簌簌发抖，可能是寒冷和恐
惧导致的。我一眼就看清楚了这形势，一定是这只雌鸟不敢出来勇敢
面对雄鸟的愤怒。我用手杖机敏地敲击树枝，她这才出来试图逃跑，

但是雄鸟穷追不舍，她飞了离树枝不到十英尺远，一会儿工夫把她追回到同一棵树上，她试图在树枝间躲避他。除了交配季节，啄木鸟之间很可能没有献殷勤的行为。我常常看到雄鸟把雌鸟从树上赶走。她跳到另一端，怯生生地啄着树枝时，雄鸟一会儿就不怀好意地冲向她。于是她在他的后面找了个位置，等他吃完食。啄木鸟中雌鸟的地位与野蛮部落中女性的地位极其相似，生活中多数的苦差事都落在女性头上，吃男性的残羹剩饭就是她的命运。

我的这只啄木鸟真的有点粗野，但我把他视为我的邻居。在冬季寒冷的暴风雪夜晚，看到他在窝巢里温暖舒适地待着让我非常满足。天气不好，不适合外出时，他也会待在窝里。我想知道他是否在窝里时，就去敲击那棵树，如果它不是很懒或很冷漠的话，他会慢慢腾腾地在十英尺高的圆窝口露出脑袋，用探寻的目光俯看我——近来我觉得是用怨怒的目光看着我，好像在说："拜托你不要这么频繁地打扰我啦。"太阳落山后，我叫他，他再也不露出脑袋了，但我后退几步，就会瞥见窝里的他看起来冷峻而沉默。他是一只晚起的鸟儿，尤其是在天气寒冷或者不合心意的清晨，在这方面，他就像谷仓的家禽。有时快九点的时候，我才看见他离开窝巢。另一方面，他回窝很早，如果天气不好，他下午四点就回来了。他一直形单影只，独自生活，在这点上我不推崇这样的榜样。他的伴侣在哪里，我想知道。

我在附近果园里又发现了几只啄木鸟，每只啄木鸟都有自己的窝巢，都同样过着独居的生活。有一只啄木鸟在我够得着的干树枝上挖了一个洞，也是九月份挖的洞。但是，树枝没有选好，这根树枝腐烂得非常严重，工匠也把洞挖得太大了，一个碎木屑掉下来，在树皮的外面砸了一个洞。于是，他在树枝里往下钻了几英寸又开始挖一个宽敞的住所，但是又离树皮太近了，树皮几乎都不能在保护他，树枝也非常脆弱。然后，他又试图在树枝里继续深挖，再挖一到两英寸

深，可是他好像又改变了主意，停止了工作，我推论这只鸟儿明智地放弃了这棵树。十一月的一天，天气阴冷，细雨绵绵，我经过那里，我往鸟巢里插入了两个手指，惊奇地感到有柔软温暖的东西：当我把手拿出的时候，这只鸟出来了，显然没有我这么惊奇。那时他还是决定把窝巢建在一根老树枝上，这个决定有理由让他追悔莫及，因为不久，在一个暴风雨的夜晚，这根树枝断了，掉落在地上：

> 树枝折断，摇篮掉落，
> 婴儿，摇篮，相依而堕。

我们的啄木鸟的另一个让我钟爱的特点就是他们在春季啄木的习惯。他们是不会唱歌的鸟儿，却个个都是音乐家，他们使干巴巴的树枝变得更加动人心弦。你以为在三四月的清晨从果园或者附近树林传出的响亮的敲击声只是哪只鸟儿在吃早餐吗？那是毛茸茸的啄木鸟啊，他敲打的不是幼虫的房门，他敲打的是春天的大门啊，干树枝正在他那一声声热情的敲击下颤抖着。

几个季节之前，一只毛茸茸的啄木鸟，很可能就是我现在的、冬季的邻居，独自开始在三月初敲击一棵矗立在我家附近狭窄的森林带边缘苹果树的一段腐烂部分。每当宁静温和的清晨到来的时候，在我起床之前或是六点半左右，常常可以透过窗户听到他的声音。他会非常活泼地持续敲打到九点或十点，在这方面与松鸡非常相似，松鸡大多数的锤击工作都是在下午做的。他的鼓是一根干树枝的断枝，大约有人的手腕那么粗，树枝中心腐烂了，已经没有了，但外壳坚硬，还能发生共振。这只鸟儿会坚守岗位，待上一个小时。在敲击的间歇，他会整理整理羽毛侧耳倾听，好像是在等待雌鸟的回应，或者对手的敲击声。他一次次敲击树枝的时候，头的速度是多么迅速啊！显而易

▶北美黑啄木鸟

见，他的尖嘴戴着一层硬壳。他会频繁地转换音符，每当他想要转换音符时，他会移动一两英寸，移动到树节上，发出更高亢、更尖锐的音符。我爬上去检查他的鼓时，打扰了他。我不知道他就在附近，可是似乎他在附近的树上看到了我，于是急忙来到旁边的树枝上，伸展羽毛，发出尖锐的叫声音，那声音的意思再明白不过了，就是问我的事跟他的敲击有什么关系。我大大地侵犯了他的隐私，鄙视了他的圣地，这只鸟有多惊慌失措。几个星期以后，雌鸟出现了，他简直就是敲出了个伴侣，他急切的、再三重复的宣传有了答案。然而，敲击犹在继续，并且跟以前一样激烈。如果说敲击可以赢得一个伴侣的话，那么，继续敲击还可以保住一个伴侣，更多敲击可以让伴侣感到快乐，求婚期并不应该以结婚而终结。如果这只鸟以前觉得敲击声悦耳动听，那么现在自然觉得更加悦耳动听了。除了那些，为了窝巢、下一代和伴侣的利益，温和的神性是需要安抚的。一段时间过后，又来了一只雌鸟，两只雌鸟之间发生了战争。我没有看到她们互相击打，但我看到为了争夺领地，一只追着另一只，好几天不让她休息。显而易见，她试图把她赶出这里。她也会时不时地简短敲击几下，好像是给她的伴侣传递成功的信息哩。

并不是每只啄木鸟都像我描述的这只鸟这样，拥有一个特定的树干，可以在里面度日，可以一直敲击。森林里到处都有合适的树枝，他们为了寻找食物，在这里啄两下，那里啄两下，但我相信每只鸟都有他最喜欢的地点，像松鸡（grouse），尤其是早上常在里面待着。枫树（maple）林中的制糖商可能会注意到这种声音是从同一棵树上或者他的营地附近的树上传出来的，非常有规律。我住所附近的一只啄木鸟已经在一根电报杆上敲击了两个季节。另一只鸟在长葡萄藤末端的薄木板上敲击，在宁静的清晨，很远就能听到。

我每天观察这些啄木鸟，想看看我能否解开他们的奥秘，就是他们怎么能在树干和树枝上跳上跳下，松开爪子也会不掉下来。他们蹦蹦跳跳几下，就能从树干或树枝上退下来。如果树枝与树干形成一个角度，他们就在树枝下面行走，在抓住一英寸或半英寸远的新树枝之前，他们不会从树枝上掉下来。他们附着在树枝上，就像钢铁吸附在磁铁上一般。尾巴和头都加入到这一壮举之中。在跳跃的一刹那，头部缩回，尾巴伸出，但究竟是怎样准确的力学我没能看透。哲学家们直到现在还不知道仰面朝天掉下来的猫是如何在空中翻转的，然而她确实是翻转过来了。也许是啄木鸟从来都不曾松开紧握的爪子，尽管在我眼里他松开了。

绒啄木鸟

毛茸茸的小家伙来与我同住
教我隐士的传说；
在橡树上钻他的小窝，
就在我居住的木屋旁。

他是自己家园的建筑师
建在森林最昏暗的地方，
雕刻着颠倒的圆顶
在昏昏欲睡的树枝上。

雕得深来塑得真，
用他鸟喙细又长；
不考虑风景，

不管是在谷底还是小山上。

碎木屑哗哗地落在地上，
可能会有人认为那是不细心。
听！他那小斧子喑哑的声音
在树上劈砍着。

他门口像圆规的轨迹，
真实而平滑的墙；
树皮上的一个阴影
把你指向他的门洞。

毛茸茸的小家伙过着隐居的生活
漫漫冬日长；
没有纷扰没有冲撞，
他关心的事也没几桩。

惊醒冰冻的树林，
摇落树上的雪霜；
多少含情的枝条
回应他的敲打声。

冬天愤怒的暴风雪来袭时，
不论白天还是晚上，
而我了解我的小男孩，
打发时间靠梦乡。

毛茸茸小家伙的商店就在树里，
鸟蛋、蚂蚁、幼虫；
多汁的美味珍馐，营养丰富如奶酪，
树桩或断株里藏。

他雕凿发出的砰砰声，
吓跑了他的猎物；
每只无聊的昆虫都知道
他什么时候到身旁。

总是轻敲他们的房门，
从不欢迎他；
他们都知道：他的同类都是讨厌鬼；
都是他们害怕看到的。

为何毛茸茸的小家伙独自居住
在舒适的窝巢里？
他是否发现最香甜的肉
就在骨头旁？

小鸟渴望另一种命运
当春天来临时；
为寻找伴侣给他登广告
登在他的干树枝鼓皮上。

鼓声鼓励她起身并接近他，

在四月的清早上，

直至她拥有他，成为她的伴侣，

在他孤独的地方。

现在他逃避家里的烦心事，

我必须承认这一点；

非常投入地做自己的事情，

处在这个季节的压力下。

我们是邻居

共同拥有同一个地方；

和平和友爱是我们唯一的信条，

这是块令人着迷的地方。

北京大学出版社经典绘本

《飞鸟天堂》

美国最著名的鸟类画家詹姆斯·奥杜邦

500 幅手绘作品

呈现鸟类最精美的肖像

图书在版编目 (CIP) 数据

飞禽记/（美）巴勒斯（Burroushs, J.）著；张白桦译. —北京：北京大学出版社，2015.11
（沙发图书馆）
ISBN 978-7-301-25944-3

Ⅰ.①飞⋯　Ⅱ.①巴⋯②张⋯　Ⅲ.①鸟类－普及读物　Ⅳ.① Q959.7-49

中国版本图书馆 CIP 数据核字（2015）第 131987 号

书　　　　名	飞禽记
著作责任者	〔美〕约翰·巴勒斯 著　张白桦 译
责 任 编 辑	王立刚
标 准 书 号	ISBN 978-7-301-25944-3
出 版 发 行	北京大学出版社
地　　　　址	北京市海淀区成府路 205 号　100871
网　　　　址	http://www.pup.cn　新浪微博：@北京大学出版社
电 子 信 箱	sofabook @ 163.com
电　　　　话	邮购部 62752015　发行部 62750672　编辑部 62765217
印 刷 者	北京华联印刷有限公司
经 销 者	新华书店
	880 毫米 ×1230 毫米　A5　5.5 印张　88 千字
	2015 年 11 月第 1 版　2020 年 10 月第 5 次印刷
定　　　　价	49.00 元